Riccardo Risi

Raggiungere l'Indipendenza Energetica

Introduzione ai sistemi domestici fotovoltaico ed eolico per un futuro sostenibile per i nostri figli

"La sostenibilità energetica è il nostro passo verso un futuro migliore. Scegliamo fonti rinnovabili, non solo per preservare il pianeta oggi, ma per garantire un domani sostenibile per le generazioni future, rinunciando alle fonti fossili che ci legano al passato. Facciamolo per l'amore che proviamo verso i nostri figli."

Ringraziamenti

Vorrei dedicare questo libro a coloro che hanno reso possibile la sua realizzazione. Senza il loro sostegno, questo libro non sarebbe stato possibile.

Ringrazio i miei genitori Guido e Camilla, che mi hanno insegnato i valori della determinazione e della perseveranza. L'amore incondizionato che avete espresso è la forza che mi spinge a dare sempre il massimo.

A mia moglie Annamaria, compagna di vita e di avventure, va il mio profondo riconoscimento. La tua pazienza, il tuo sostegno e la tua comprensione hanno illuminato il mio cammino in ogni fase di questo progetto.

Un ringraziamento speciale va a mia sorella Vera, scrittrice instancabile e giornalista di grande talento. La tua passione per le parole e la tua dedizione al giornalismo sono un esempio costante.

Un ringraziamento speciale va al mio amato figlio Guido Maria. Guardando il mondo attraverso i tuoi occhi, ho imparato a vedere la bellezza nelle piccole cose e a mantenere viva la giovane fiamma della curiosità verso ogni argomento.

Infine, desidero dedicare un sentito ringraziamento al caro dott. Dario Scarano, amico da oltre 40 anni. Le nostre conversazioni quotidiane, permeate di opinioni tecniche su una vasta gamma di argomenti, sono state una fonte inesauribile di ispirazione e apprendimento. La tua saggezza, il tuo sostegno incondizionato e la tua amicizia duratura hanno arricchito la trama di questo libro in modi che vanno al di là delle pagine scritte. Grazie per essere stato un ispiratore straordinario in questa avventura letteraria.

Grazie di cuore a tutti voi.

Con affetto Riccardo

Indice generale

1. Introduzione alla indipendenza energetica: definizione e importanza

L'indipendenza energetica è una delle sfide più importanti del nostro tempo. Definita come la capacità di produrre energia in modo sostenibile e autonomo senza dover dipendere da fonti esterne, l'indipendenza energetica è diventata un obiettivo fondamentale per molti governi, aziende e individui in tutto il mondo.

La crescente domanda di energia, combinata con la preoccupazione per l'impatto ambientale del consumo di combustibili fossili, ha portato molti paesi a cercare fonti di energia alternative e sostenibili. Le fonti di energia rinnovabile come il sole, il vento, l'acqua e la biomassa sono diventate sempre più popolari, poiché possono fornire energia pulita e illimitata senza alcuna dipendenza dalle risorse naturali non rinnovabili.

L'indipendenza energetica non è solo una questione di sostenibilità ambientale, ma anche di sicurezza energetica. Quando i paesi dipendono da fonti di energia esterne, sono vulnerabili alle fluttuazioni dei prezzi del petrolio e del gas, alle interruzioni nella fornitura di energia e alle tensioni geopolitiche tra i paesi produttori e i paesi consumatori. Inoltre, la dipendenza da fonti di energia esterne può rappresentare un rischio per la sicurezza nazionale, poiché le interruzioni nell'approvvigionamento di energia possono avere conseguenze gravi per l'economia e la stabilità del paese. Il recente conflitto Russia Ucraina e i ridotti approvvigionamenti russi all'Europa che ne sono conseguiti, hanno posto purtroppo in evidenza *che non si può dipendere da altri paesi per il nostro approvvigionamento energetico.*

L'indipendenza energetica può anche avere benefici economici, poiché le tecnologie per la produzione di energia rinnovabile stanno diventando sempre più efficienti ed economiche, rendendo la produzione di energia a basso costo e competitiva rispetto alle fonti di energia convenzionali. Inoltre, la produzione di energia rinnovabile può creare nuovi posti di lavoro e stimolare l'economia locale, specialmente nelle aree rurali e marginalizzate.

L'indipendenza energetica è un obiettivo importante per garantire la sostenibilità ambientale, la sicurezza energetica e la prosperità economica. È necessario sviluppare ulteriormente le tecnologie per la produzione di energia rinnovabile e incentivare l'uso di fonti di energia sostenibili per raggiungere l'obiettivo dell'indipendenza energetica.

2. Le fonti energetiche tradizionali e i loro limiti

Le fonti energetiche tradizionali, come il petrolio, il carbone e il gas naturale, sono state a lungo la principale fonte di energia utilizzata in tutto il mondo. Tuttavia, questi combustibili fossili sono limitati e non rinnovabili, il che significa che, una volta esauriti, non possono essere sostituiti. Inoltre, la loro produzione e il loro utilizzo hanno un impatto significativo sull'ambiente e sul clima.

Il petrolio è la fonte di energia più utilizzata al mondo e rappresenta circa il 34% del consumo globale di energia primaria. Tuttavia, le riserve di petrolio sono limitate e la produzione sta raggiungendo il picco, il che significa che la quantità di petrolio estratto sta diminuendo. Inoltre, la produzione e il trasporto di petrolio via nave possono causare gravi danni ambientali, come le fuoriuscite di petrolio, che hanno un impatto negativo sulla fauna e sulla flora marina.

Il carbone è la seconda fonte di energia più utilizzata al mondo e rappresenta circa il 28% del consumo globale di energia primaria. Tuttavia, la produzione di carbone è altamente inquinante e dannosa per la salute umana, causando malattie respiratorie e ambientali. Inoltre, la combustione del carbone è una delle principali fonti di emissioni di gas a effetto serra, che contribuiscono al cambiamento climatico.

Il gas naturale è la terza fonte di energia più utilizzata al mondo e rappresenta circa il 23% del consumo globale di energia primaria.

Tuttavia, il gas naturale è anch'esso una fonte di energia non rinnovabile e la sua produzione può causare danni ambientali, come l'inquinamento delle acque sotterranee e la distruzione della fauna selvatica. Inoltre, la combustione del gas naturale emette anche gas a effetto serra, sebbene in quantità inferiori rispetto al carbone.

Inoltre, le fonti di energia tradizionali non sono sempre disponibili ovunque. Ad esempio, molte nazioni non hanno accesso a petrolio, gas naturale o carbone, il che significa che devono dipendere dall'importazione di queste risorse. Ciò può rendere questi paesi vulnerabili alle fluttuazioni dei prezzi del mercato globale dell'energia e alle tensioni geopolitiche.

Le fonti di energia tradizionali hanno dei limiti, come la loro disponibilità limitata, il loro impatto sull'ambiente e il loro ruolo nell'aggravamento del cambiamento climatico. Per questo motivo, diventa sempre più importante che si investa in fonti di energia rinnovabile e sostenibile come l'energia solare, eolica, idroelettrica e geotermica. Queste fonti di energia hanno il potenziale per soddisfare la domanda energetica globale senza compromettere l'ambiente e il benessere delle persone.

3. Fonti energetiche rinnovabili: opportunità e sfide

Le fonti energetiche rinnovabili, come l'energia solare, eolica, idroelettrica e geotermica, offrono grandi opportunità per la produzione di energia pulita e sostenibile. Tuttavia, ci sono anche alcune sfide associate all'adozione di queste tecnologie.

Una delle principali opportunità offerte dalle fonti energetiche rinnovabili è la loro capacità di ridurre le emissioni di gas a effetto serra. Mentre le fonti energetiche tradizionali sono spesso associate a emissioni di anidride carbonica e altri gas serra, le fonti rinnovabili non emettono gas a effetto serra durante la produzione di energia. Ciò significa che l'utilizzo di queste fonti di energia può contribuire in modo significativo alla lotta contro il cambiamento climatico.

Inoltre, le fonti energetiche rinnovabili possono offrire una maggiore sicurezza energetica. A differenza delle fonti di energia tradizionali, come il petrolio e il gas naturale, le fonti rinnovabili non sono limitate geograficamente e possono essere facilmente accessibili in molte parti del mondo. Ciò significa che i paesi che investono in queste tecnologie possono ridurre la loro dipendenza dalle importazioni di combustibili fossili e garantire una maggiore autonomia energetica.

Tuttavia, ci sono anche alcune sfide che devono essere affrontate quando si adottano le fonti energetiche rinnovabili. Uno dei principali problemi è la loro intermittenza. L'energia solare e eolica, ad esempio, dipendono dalle condizioni meteorologiche e possono essere influenzate da fattori esterni, come le nubi e la mancanza di vento. Ciò significa che l'energia prodotta da queste fonti può essere instabile e non sempre disponibile quando necessario.

Inoltre, la produzione di energia rinnovabile può essere costosa.

Anche se il costo delle tecnologie rinnovabili sta diminuendo rapidamente, l'investimento in queste tecnologie richiede ancora un costo iniziale elevato. Ciò può essere un ostacolo per molti paesi e per le comunità più povere.

Infine, la produzione di energia rinnovabile può avere un impatto ambientale negativo. Ad esempio, la costruzione di dighe per l'energia idroelettrica può causare un impatto ambientale e la distruzione degli habitat naturali delle specie animali e vegetali. Inoltre, la produzione di pannelli solari e turbine eoliche richiede l'estrazione di materiali come il silicio, il rame e il litio, che possono essere fonte di inquinamento.

In conclusione, le fonti energetiche rinnovabili offrono grandi opportunità per la produzione di energia pulita e sostenibile, ma ci sono anche sfide associate alla loro adozione. Mentre i paesi e le comunità cercano di transire verso una maggiore sostenibilità energetica, sarà importante bilanciare l'importanza dell'adozione di tecnologie rinnovabili con le sfide che possono sorgere durante il processo di transizione. Sarà inoltre importante considerare le possibili soluzioni per affrontare le sfide che possono sorgere.

Per quanto riguarda l'intermittenza delle fonti energetiche rinnovabili, ci sono diverse soluzioni possibili. Ad esempio, l'energia solare può essere immagazzinata attraverso l'utilizzo di batterie

(batterie al Litio Ferro Fosfato, batterie gravitazionali, batterie di sabbia, etc.) e la tecnologia del Power-to-Gas può essere utilizzata per convertire l'energia solare ed eolica in idrogeno che può essere utilizzato come combustibile per la produzione di energia. Inoltre, l'adozione di una rete intelligente, che utilizza la tecnologia per monitorare e bilanciare la produzione e il consumo di energia, può aiutare a gestire la variabilità delle fonti energetiche rinnovabili.

Per quanto riguarda i costi, i governi possono adottare politiche per incentivare l'adozione di tecnologie rinnovabili, come l'offerta di incentivi fiscali e finanziamenti per gli investimenti in tecnologie rinnovabili. Inoltre, l'adozione di tecnologie rinnovabili può anche creare nuovi posti di lavoro e stimolare l'economia, offrendo ulteriori vantaggi.

Infine, per ridurre l'impatto ambientale della produzione di energia rinnovabile, le tecnologie possono essere sviluppate in modo più sostenibile. Ad esempio, possono essere utilizzati materiali riciclabili o biodegradabili per la produzione di pannelli solari e turbine eoliche. Inoltre, gli impatti ambientali possono essere minimizzati attraverso una pianificazione attenta della costruzione e l'utilizzo di tecnologie di mitigazione degli impatti.

Le fonti energetiche rinnovabili offrono grandi opportunità per la produzione di energia pulita e sostenibile, ma ci sono anche sfide che devono essere affrontate. Con la giusta attenzione alle sfide e l'adozione di soluzioni innovative, l'energia rinnovabile può offrire una soluzione sostenibile e sicura per il nostro futuro energetico.

4. Politiche energetiche per promuovere l'indipendenza energetica

La promozione dell'indipendenza energetica è diventata un obiettivo prioritario per molti paesi in tutto il mondo. Per raggiungere tale obiettivo, le politiche energetiche nazionali ed internazionali hanno un ruolo fondamentale da svolgere.

A livello nazionale, le politiche energetiche possono includere incentivi per l'adozione di fonti energetiche rinnovabili, l'implementazione di normative più stringenti sui combustibili fossili e la promozione dell'efficienza energetica. Ad esempio, un governo potrebbe offrire incentivi fiscali per l'installazione di pannelli solari o turbine eoliche, o potrebbe richiedere ai produttori di energia di ridurre le emissioni di gas a effetto serra.

Inoltre, le politiche energetiche nazionali possono includere l'adozione di tecnologie per la produzione di energia a basse emissioni di carbonio, come la cattura e lo stoccaggio del carbonio o l'utilizzo dell'energia nucleare. Tuttavia, queste tecnologie possono sollevare preoccupazioni riguardo alla sicurezza e alla gestione dei rifiuti nucleari. Ancora oggi non sappiamo dove custodire le scorie nucleari della scorsa stagione italiana del nucleare, precedente il referendum del 1987 che ne decretò la definitiva chiusura. Ancora oggi sono custodite in diversi luoghi sparsi per l'Italia in attesa che venga individuato un deposito unico di tutti i rifiuti radioattivi.

A livello internazionale, le politiche energetiche possono includere l'adozione di accordi globali per la riduzione delle emissioni di gas a effetto serra e per la promozione dell'uso di fonti energetiche rinnovabili. Ad esempio, l'Accordo di Parigi del 2015 ha stabilito l'obiettivo di limitare l'aumento della temperatura globale a 1,5°C rispetto ai livelli preindustriali e di ridurre le emissioni di gas a effetto serra.

Inoltre, l'adozione di politiche energetiche internazionali può anche comportare la creazione di alleanze tra paesi per la promozione dell'uso di tecnologie energetiche sostenibili. Ad esempio, il Programma delle Nazioni Unite per lo Sviluppo (UNDP) ha collaborato con il governo dell'Etiopia per l'adozione di tecnologie solari in grado di fornire energia pulita alle comunità rurali.

Tuttavia, la promozione dell'indipendenza energetica a livello internazionale può anche incontrare ostacoli. Ad esempio, la resistenza di alcuni paesi produttori di petrolio e gas a ridurre la loro produzione può limitare gli sforzi per la riduzione delle emissioni di gas a effetto serra.

La promozione dell'indipendenza energetica richiede l'adozione di politiche energetiche nazionali ed internazionali coordinate. Queste politiche devono favorire l'uso di fonti energetiche rinnovabili, l'efficienza energetica e l'adozione di tecnologie a basse emissioni di carbonio. Tuttavia, per raggiungere questi obiettivi, è necessaria una collaborazione globale e una forte volontà politica.

5. La transizione energetica e la riduzione delle emissioni di gas serra

La transizione energetica è un processo in cui la produzione di energia si sposta dalle fonti tradizionali di combustibili fossili a fonti di energia rinnovabile, come l'energia solare, eolica, idroelettrica e geotermica. Uno degli obiettivi principali della transizione energetica è la riduzione delle emissioni di gas serra che contribuiscono al cambiamento climatico globale.

La riduzione delle emissioni di gas serra richiede una serie di interventi sia a livello globale che locale. A livello globale, il maggior obiettivo è quello di limitare l'aumento della temperatura media globale a 1,5°C rispetto ai livelli preindustriali, come stabilito nell'Accordo di Parigi del 2015. Per raggiungere questo obiettivo, è necessario ridurre le emissioni di gas a effetto serra del 50% entro il 2030 e raggiungere la neutralità delle emissioni di gas a effetto serra entro il 2050.

A livello locale, sono necessarie azioni concrete per ridurre le emissioni di gas serra. Tra queste azioni, vi è la promozione dell'efficienza energetica e l'adozione di fonti di energia rinnovabile. L'efficienza energetica può essere migliorata attraverso l'utilizzo di tecnologie a basso consumo energetico e attraverso la promozione di comportamenti sostenibili, come la riduzione degli sprechi energetici.

L'adozione di fonti di energia rinnovabile come l'energia solare, eolica, idroelettrica e geotermica è un altro modo per ridurre le emissioni di gas serra. L'energia solare e l'energia eolica sono fonti di energia che non producono gas a effetto serra e possono essere utilizzate per produrre energia elettrica in modo sostenibile. L'energia idroelettrica è una fonte di energia rinnovabile che utilizza l'energia cinetica dell'acqua per produrre energia elettrica, mentre l'energia geotermica utilizza il calore proveniente dal sottosuolo per produrre energia.

Tuttavia, la transizione energetica presenta anche alcune sfide. Una di queste è rappresentata dal costo delle tecnologie energetiche rinnovabili, che spesso richiedono investimenti significativi. Inoltre, la dipendenza delle economie mondiali dai combustibili fossili e l'interconnessione delle reti energetiche rendono difficile la transizione verso fonti di energia rinnovabile.

Per affrontare queste sfide, sono necessarie politiche energetiche chiare e coordinate a livello globale, nazionale e locale. Queste politiche dovrebbero includere incentivi per l'adozione di fonti di energia rinnovabile, normative stringenti sui combustibili fossili e politiche per la promozione dell'efficienza energetica.

La transizione energetica è essenziale per ridurre le emissioni di gas serra e combattere il cambiamento climatico. Questo processo richiede la collaborazione di tutti i paesi del mondo e una forte volontà politica

6. Tecnologie innovative per la produzione, il trasporto e la conservazione dell'energia

Le tecnologie innovative stanno trasformando il modo in cui produciamo, trasportiamo e conserviamo l'energia. Queste tecnologie stanno creando nuove opportunità per la produzione di energia pulita, riducendo i costi e aumentando l'efficienza.

La produzione di energia pulita è diventata una priorità globale e sono stati sviluppati molti metodi innovativi per produrre energia da fonti rinnovabili. Tra questi, vi sono tecnologie avanzate per l'energia solare, come le celle solari a concentrazione e le celle solari a film sottile. Queste tecnologie permettono di produrre energia solare in modo più efficiente e con costi più bassi rispetto alle tecnologie solari tradizionali.

Un'altra fonte di energia rinnovabile è l'energia eolica, che può essere prodotta attraverso turbine eoliche a terra o offshore. Le tecnologie innovative stanno rendendo le turbine eoliche sempre più efficienti, riducendo i costi e aumentando la produzione di energia.

La tecnologia delle batterie sta rivoluzionando anche il modo in cui trasportiamo e conserviamo l'energia. Le batterie al litio ferro fosfato (LiFePo4), in particolare, stanno diventando sempre più importanti per lo stoccaggio dell'energia da fonti rinnovabili. La tecnologia delle batterie sta anche trasformando l'industria automobilistica, con la produzione di veicoli elettrici che stanno diventando sempre più popolari.

Inoltre, le tecnologie innovative stanno migliorando l'efficienza energetica degli edifici, riducendo i consumi energetici e i costi. Ad esempio, la domotica e i sistemi di gestione dell'energia consentono di monitorare e controllare il consumo energetico degli edifici, riducendo gli sprechi e migliorando l'efficienza.

Il trasporto dell'energia è un'altra area in cui le tecnologie innovative stanno rivoluzionando il settore. Ad esempio, le reti intelligenti (smart grid) utilizzano tecnologie avanzate per gestire la distribuzione dell'energia elettrica, consentendo di monitorare e controllare la produzione e la distribuzione dell'energia in modo più efficiente.

Infine, le tecnologie innovative stanno anche rivoluzionando il modo in cui riscaldiamo e raffreddiamo gli ambienti. Ad esempio, i sistemi di climatizzazione a pompa di calore utilizzano l'energia geotermica per riscaldare e raffreddare gli ambienti, riducendo i costi e le emissioni di gas serra.

Le tecnologie innovative stanno rivoluzionando il modo in cui produciamo, trasportiamo e conserviamo l'energia. Queste tecnologie stanno creando nuove opportunità per la produzione di energia pulita, riducendo i costi e aumentando l'efficienza. L'adozione di queste tecnologie innovative è essenziale per raggiungere l'obiettivo della transizione energetica e ridurre le emissioni di gas serra.

7. Impatto economico e sociale dell'indipendenza energetica

L'indipendenza energetica ha un impatto significativo sull'economia e sulla società in generale. Quando un paese è in grado di produrre la propria energia, riduce la dipendenza dalle fonti di energia importate, riducendo così la volatilità dei prezzi e migliorando la sicurezza energetica. Ciò ha un impatto diretto sulla riduzione della vulnerabilità economica del paese. Inoltre, l'indipendenza energetica può creare nuove opportunità economiche, in particolare nel settore dell'energia rinnovabile.

L'indipendenza energetica può anche avere un impatto significativo sulla società. Quando un paese è in grado di produrre la propria energia, crea posti di lavoro nel settore dell'energia rinnovabile e riduce la dipendenza da fonti di energia importate. Ciò può portare a una maggiore stabilità economica, riducendo la disoccupazione e creando nuove opportunità di lavoro. Inoltre, l'indipendenza energetica può anche ridurre l'impatto ambientale delle fonti di energia tradizionali, migliorando la qualità dell'aria e dell'acqua.

Tuttavia, ci sono anche alcune sfide che devono essere affrontate per raggiungere l'indipendenza energetica. Uno dei principali ostacoli è l'investimento iniziale necessario per sviluppare le infrastrutture per la produzione di energia rinnovabile. Questo richiede spesso una grande quantità di finanziamenti, che possono non essere disponibili per tutti i paesi. Inoltre, il costo della tecnologia per la produzione di energia rinnovabile sta ancora diminuendo, ma rimane un fattore importante da considerare.

Un altro ostacolo è la necessità di sviluppare la capacità tecnologica e le competenze necessarie per la produzione e l'utilizzo dell'energia rinnovabile. Questo richiede un cambiamento nella formazione professionale e l'istruzione in modo che le persone siano in grado di gestire e utilizzare queste tecnologie in modo efficace.

L'indipendenza energetica può anche avere un impatto sulle comunità locali. Ad esempio, la produzione di energia elettrica può influire sulla salute pubblica, sulla qualità dell'aria e dell'acqua, e sulla sicurezza delle comunità locali. Ciò richiede un'attenzione particolare alla pianificazione e alla gestione della produzione di energia rinnovabile, in modo da minimizzare gli impatti negativi sulla salute e sulla sicurezza delle persone.

L'indipendenza energetica ha un impatto significativo sull'economia e sulla società in generale. Ci sono sfide da affrontare per raggiungere l'indipendenza energetica, come l'investimento iniziale e la capacità tecnologica, ma ci sono anche molte opportunità economiche e sociali da considerare. L'indipendenza energetica può contribuire a ridurre la dipendenza dalle fonti di energia importate, migliorando la sicurezza energetica e creando nuove opportunità di lavoro.

8. Il ruolo della R&S nella promozione dell'indipendenza energetica

La ricerca e sviluppo (R&S) riveste un ruolo fondamentale nella promozione dell'indipendenza energetica. In particolare, la ricerca può contribuire a sviluppare nuove tecnologie e soluzioni innovative per la produzione, il trasporto e la conservazione dell'energia, migliorando l'efficienza energetica e riducendo l'impatto ambientale.

La ricerca e sviluppo nel settore dell'energia rinnovabile è in continua evoluzione, con lo sviluppo di nuovi materiali, tecnologie e processi che possono migliorare l'efficienza e ridurre i costi. Ad esempio, la ricerca sta producendo batterie sempre più efficienti e economiche per lo stoccaggio di energia, e nuovi materiali per pannelli solari che possono aumentare l'efficienza di conversione dell'energia solare. Inoltre, la ricerca può contribuire a sviluppare nuovi modi per utilizzare le fonti di energia rinnovabile, come l'idrogeno prodotto da energia solare o eolica.

La ricerca e sviluppo nel settore dell'energia può anche contribuire a migliorare l'efficienza energetica negli edifici e nei trasporti. Ad esempio, la ricerca può portare allo sviluppo di nuovi materiali isolanti, sistemi di illuminazione a basso consumo energetico e sistemi di riscaldamento e raffreddamento più efficienti. Inoltre, la ricerca può aiutare a sviluppare tecnologie più efficienti per il trasporto, come veicoli elettrici o ibridi.

L'investimento nella ricerca e sviluppo dell'energia rinnovabile è cruciale per il futuro dell'indipendenza energetica. Tuttavia, ci sono alcune sfide che devono essere affrontate. Uno dei principali ostacoli è la necessità di finanziare la ricerca e sviluppo dell'energia rinnovabile, che può richiedere un investimento significativo. Inoltre, la ricerca e *sviluppo richiede tempo, e i risultati non sono immediati. Ciò significa che gli investimenti in ricerca e sviluppo dell'energia rinnovabile possono richiedere un impegno a lungo termine.*

Il ruolo dei governi è fondamentale per sostenere la ricerca e sviluppo dell'energia rinnovabile. I governi possono incentivare la ricerca e sviluppo attraverso programmi di finanziamento e sovvenzioni, e promuovendo la collaborazione tra le università, le aziende e le istituzioni di ricerca. Inoltre, i governi possono regolare il mercato energetico in modo da promuovere l'adozione di tecnologie energetiche rinnovabili e sostenibili.

Inoltre, le aziende private hanno un ruolo importante nella promozione della ricerca e sviluppo dell'energia rinnovabile. Le aziende possono investire nella ricerca e sviluppo di tecnologie energetiche rinnovabili, collaborare con università e istituti di ricerca, e promuovere l'adozione di tecnologie energetiche sostenibili attraverso l'innovazione e la produzione di prodotti e servizi che utilizzano energia rinnovabile.

La promozione della ricerca e sviluppo dell'energia rinnovabile non solo può portare a un futuro più sostenibile e indipendente dal punto di vista energetico, ma può anche avere importanti effetti economici e sociali. La creazione di nuove tecnologie e soluzioni energetiche può creare nuovi posti di lavoro e contribuire alla crescita economica. Inoltre, l'adozione di tecnologie energetiche rinnovabili può contribuire a ridurre le disparità sociali, fornendo accesso all'energia a comunità rurali o a basso reddito che potrebbero altrimenti non avere accesso all'energia elettrica.

La ricerca e sviluppo dell'energia rinnovabile può anche aiutare a ridurre la dipendenza dalle fonti energetiche tradizionali, che spesso hanno un impatto ambientale negativo. Ciò può contribuire a ridurre le emissioni di gas serra e migliorare la qualità dell'aria.

Tuttavia, la ricerca e sviluppo dell'energia rinnovabile non è l'unica soluzione per promuovere l'indipendenza energetica e ridurre l'impatto ambientale. È necessario anche promuovere politiche energetiche che incoraggino l'uso delle fonti energetiche rinnovabili e riducano l'uso delle fonti energetiche tradizionali, adottare pratiche sostenibili e ridurre gli sprechi di energia.

Il ruolo della ricerca e sviluppo nell'energia rinnovabile è fondamentale per promuovere l'indipendenza energetica e ridurre l'impatto ambientale delle fonti energetiche tradizionali. Ciò richiede un impegno a lungo termine da parte dei governi, delle aziende e delle istituzioni di ricerca, ma può avere importanti effetti economici e sociali. La ricerca e sviluppo dell'energia rinnovabile deve essere integrata in una strategia più ampia per promuovere la sostenibilità e ridurre la dipendenza dalle fonti energetiche tradizionali, e richiede la collaborazione di tutti i settori della società per raggiungere questi obiettivi.

9. Conclusioni e prospettive future per l'indipendenza energetica

L'indipendenza energetica è un obiettivo importante per qualsiasi paese che desidera ridurre la propria dipendenza dalle fonti energetiche tradizionali, garantire la sicurezza energetica e contribuire alla lotta contro il cambiamento climatico. Negli ultimi decenni, molte nazioni hanno fatto importanti passi avanti nella promozione dell'indipendenza energetica attraverso la diversificazione delle fonti energetiche, l'adozione di tecnologie energetiche innovative e la promozione di politiche energetiche sostenibili.

Tuttavia, ci sono ancora molte sfide da affrontare per raggiungere l'indipendenza energetica a livello globale. Una delle sfide più grandi è la riduzione dell'impatto ambientale delle fonti energetiche tradizionali. Anche se l'adozione di tecnologie energetiche rinnovabili è in crescita, le fonti energetiche tradizionali come il petrolio, il carbone e il gas naturale sono ancora ampiamente utilizzate in tutto il mondo. Queste fonti energetiche emettono grandi quantità di gas serra e contribuiscono alla crisi climatica che tanti disastri procura all'uomo.

Per superare queste sfide, è necessario promuovere ulteriormente l'adozione di tecnologie energetiche rinnovabili e ridurre l'uso delle fonti energetiche tradizionali. Ciò richiede politiche energetiche sostenibili che incoraggino l'adozione di tecnologie energetiche rinnovabili, incentivino l'efficienza energetica e riducano l'emissione di gas serra.

Tuttavia, il raggiungimento dell'indipendenza energetica non è solo una questione di politiche energetiche. È anche necessario promuovere una cultura dell'energia sostenibile a livello globale. Ciò richiede un impegno a lungo termine da parte di tutte le parti interessate, inclusi governi, aziende, istituzioni di ricerca e cittadini, per adottare comportamenti e pratiche sostenibili.

Le prospettive future per l'indipendenza energetica sono promettenti. L'adozione di tecnologie energetiche rinnovabili sta crescendo in tutto il mondo e molte nazioni stanno investendo sempre di più nella ricerca e sviluppo dell'energia rinnovabile. Inoltre, sempre più aziende stanno adottando pratiche sostenibili e promuovendo la sostenibilità come parte della propria strategia aziendale.

Tuttavia, c'è ancora molta strada da fare per raggiungere l'indipendenza energetica a livello globale. È necessario continuare a investire nella ricerca e sviluppo dell'energia rinnovabile, promuovere politiche energetiche sostenibili e sensibilizzare l'opinione pubblica sull'importanza della sostenibilità energetica. Solo con un impegno a lungo termine e una collaborazione a livello globale, sarà possibile raggiungere l'obiettivo dell'indipendenza energetica e contribuire alla lotta contro il cambiamento climatico.

10. Introduzione ai sistemi fotovoltaici ed eolici

Negli ultimi decenni, l'attenzione sull'importanza dell'energia pulita e sostenibile si è intensificata. L'indipendenza energetica, ovvero la capacità di soddisfare i bisogni energetici di una nazione senza dipendere da fonti di energia esterne, è diventata un obiettivo strategico per molti paesi. L'energia solare e l'energia eolica sono tra le fonti energetiche rinnovabili più promettenti per raggiungere questo obiettivo. In questo contesto, i sistemi fotovoltaici ed eolici sono diventati sempre più importanti per l'indipendenza energetica, anche perché sono realizzabili ad uso domestico. La discussione nel seguito del presente libro si articolerà su tali sistemi fotovoltaici ed eolici facilmente realizzabili in una casa di medie dimensioni e talvolta anche in appartamenti condominiali in virtù delle recenti semplificazioni introdotte con il Decreto Energia N. 17 del 1 Marzo 2022, pubblicato in Gazzetta Ufficiale il 27 Aprile 2022 che ha assimilato l'intervento di installazione di pannelli fotovoltaici a "manutenzione ordinaria", quindi non più subordinata all'ottenimento di autorizzazioni, permessi o atti amministrativi di assenso comunali o assembleari di condominio.

Come riportato nell'art. 6 del Testo Unico dell'Edilizia, l'installazione dei pannelli fotovoltaici non richiede più alcun titolo abitativo, a meno che sull'edificio non ci siano vincoli di tipo paesaggistico o storico. In assenza di tali vincoli non è richiesta alcuna autorizzazione ed è possibile procedere con l'installazione dell'impianto.

Inoltre ai sensi dell'art. **1122 bis del codice civile** è consentita l'installazione di impianti per la produzione di energia da fonti rinnovabili destinati al servizio di singole unità del condominio sul lastrico solare, su ogni altra idonea superficie comune e sulle parti di proprietà individuale dell'interessato.

L'art. 1122 bis riporta anche che, qualora si rendano necessarie modificazioni delle parti comuni, l'interessato ne dà comunicazione all'amministratore indicando il contenuto specifico e le modalità di esecuzione degli interventi.

Pertanto nel prosieguo del libro non si parlerà più di sistemi idroelettrici e geotermici essendo prevalentemente sistemi di grandi dimensioni non realizzabili nelle comuni villette o appartamenti condominiali.

I sistemi fotovoltaici convertono l'energia solare in elettricità utilizzando celle fotovoltaiche. Queste celle sono fatte di materiali semiconduttori come il silicio, che sono in grado di convertire la luce solare in elettroni liberi. Quando la frequenza della luce solare che colpisce le celle fotovoltaiche è sufficientemente elevata da far sì che l'energia luminosa rilasci gli elettroni del metallo, questi possono essere catturati da un circuito elettrico per generare corrente continua (Legge di Plank-Einstein - 1905). Questa corrente continua viene poi convertita in corrente alternata grazie ad un inverter.

I sistemi eolici, invece, convertono l'energia cinetica del vento in energia elettrica. L'energia cinetica del vento viene catturata da pale dell'elica e trasformata in energia meccanica. Questa energia meccanica viene quindi convertita in energia elettrica da un generatore elettrico.

L'energia solare e l'energia eolica sono considerate fonti energetiche rinnovabili in quanto sono disponibili in quantità infinite e non si esauriscono. Inoltre, entrambe sono molto meno inquinanti rispetto alle fonti energetiche tradizionali come il petrolio e il gas naturale. I sistemi fotovoltaici ed eolici sono anche molto versatili e possono essere installati in molte posizioni, come sui tetti delle case, sui pali della luce, sulle torri eoliche, sui campi solari, e così via.

Ci sono anche molti vantaggi finanziari nell'installazione di sistemi fotovoltaici ed eolici per l'indipendenza energetica. Una volta installati, i sistemi fotovoltaici ed eolici richiedono solo una manutenzione minima e hanno una durata di vita lunga, spesso superiore ai 20 anni. Inoltre, le bollette energetiche possono essere notevolmente ridotte o addirittura eliminate, il che può portare a notevoli risparmi nel lungo termine.

Tuttavia, ci sono anche alcune sfide da affrontare nell'utilizzo di sistemi fotovoltaici ed eolici per l'indipendenza energetica. Ad esempio, la disponibilità di energia solare ed eolica dipende dalle condizioni climatiche e dalla stagione dell'anno, il che significa che la produzione di energia potrebbe non essere costante.

Oltre alla produzione di energia, un altro fattore importante da considerare nella scelta tra un sistema fotovoltaico o eolico è la disponibilità di spazio e la posizione geografica dell'impianto. I sistemi fotovoltaici richiedono unaa superficie esposta al sole per la posa dei pannelli, mentre i sistemi eolici necessitano di una buona esposizione al vento e di una certa distanza da abitazioni e strade per motivi di sicurezza. Inoltre, è importante considerare il clima e le condizioni atmosferiche della zona in cui si intende installare l'impianto, in quanto queste possono influire sull'efficienza del sistema.

Per quanto riguarda i costi di installazione, i sistemi fotovoltaici tendono ad essere più convenienti rispetto a quelli eolici, in quanto richiedono meno manutenzione e sono più semplici da installare. Tuttavia, i sistemi eolici possono avere un costo minore in termini di energia prodotta, in quanto il vento è una fonte energetica più costante rispetto alla luce solare, che varia a seconda delle condizioni atmosferiche.

Infine, è importante considerare il fatto che l'installazione di un sistema fotovoltaico o eolico richiede un investimento iniziale, ma nel lungo termine può portare a significativi risparmi sulla bolletta energetica e contribuire a ridurre l'impatto ambientale. Inoltre, i governi di molti paesi offrono incentivi fiscali e finanziamenti agevolati per promuovere l'installazione di sistemi di energia rinnovabile.

Quindi sia i sistemi fotovoltaici che eolici possono rappresentare una soluzione efficace per raggiungere l'indipendenza energetica, ma la scelta tra le due tecnologie dipende da diversi fattori, tra cui la disponibilità di spazio, la posizione geografica e il clima della zona in cui si intende installare l'impianto. In ogni caso, l'investimento in un sistema di energia rinnovabile può portare significativi vantaggi a *lungo termine, sia in termini di risparmi economici che di riduzione dell'impatto ambientale.*

II. Principi di base della tecnologia fotovoltaica

La tecnologia fotovoltaica si basa sull'effetto fotoelettrico, che è il fenomeno in cui la luce del sole viene convertita direttamente in energia elettrica utilizzando materiali semiconduttori. I materiali semiconduttori, come il silicio, hanno la capacità di assorbire la luce sotto forma di fotoni, e di convertirla in elettroni liberi.

Il cuore di un sistema fotovoltaico è il modulo fotovoltaico, anche chiamato pannello solare, che è composto da una serie di celle fotovoltaiche collegate in serie o in parallelo. Ogni cella fotovoltaica è costituita da due strati di materiale semiconduttore, uno con una carica elettrica positiva (p-dopato) e uno con una carica elettrica negativa (n-dopato). Quando i fotoni colpiscono la superficie della cella fotovoltaica, la loro energia proporzionale alla frequenza della luce incidente eccita gli elettroni del materiale semiconduttore, generando una differenza di potenziale elettrico tra i due strati. Questa differenza di potenziale crea una corrente elettrica che può essere estratta dalla cella fotovoltaica e utilizzata come energia elettrica.

12. Principi di base della tecnologia eolica

La tecnologia eolica è un metodo di generazione di energia elettrica che sfrutta la forza del vento. Questa forma di energia rinnovabile è diventata sempre più diffusa negli ultimi anni, poiché offre una fonte di energia pulita, abbondante e sostenibile.

Come funziona la tecnologia eolica?

La tecnologia eolica si basa sull'utilizzo di turbine eoliche, che sono dispositivi progettati per convertire l'energia cinetica del vento in energia elettrica utilizzabile. Le turbine eoliche sono generalmente collocate in aree con venti costanti e forti, come colline, coste o zone aperte, dove il vento può raggiungere velocità sufficienti per far ruotare le pale della turbina.

Le turbine eoliche sono costituite da diverse parti chiave. Le pale sono l'elemento che cattura l'energia del vento e le fa ruotare. Le pale sono generalmente realizzate in materiali leggeri e resistenti, come la vetroresina o l'alluminio, e sono progettate in modo aerodinamico per massimizzare l'efficienza della cattura del vento. Il mozzo è il centro della turbina a cui sono collegate le pale e che trasferisce il movimento rotatorio alle parti interne della turbina. Il mozzo è l'albero di un generatore asincrono trifase la cui rotazione determina la generazione di una corrente trifase che viene poi raddrizzata da un dispositivo raddrizzatore che la converte da corrente alternata trifase in corrente continua. L'inverter è un componente che converte la corrente continua prodotta dalla turbina in corrente alternata monofase a 230 V utilizzata nella maggior parte delle reti elettriche e delle abitazioni.

La tecnologia eolica è una fonte di energia rinnovabile promettente che sfrutta la forza del vento per generare energia elettrica. Attraverso l'utilizzo di turbine eoliche e dei relativi componenti, l'energia cinetica del vento viene convertita in energia elettrica utilizzabile, offrendo numerosi benefici economici e ambientali. Nonostante le sfide associate, la tecnologia eolica sta diventando sempre più diffusa a livello mondiale come una forma sostenibile e pulita di generazione di energia.

13. Progetto e installazione di un sistema fotovoltaico

Il progetto e le modalità di installazione di un sistema fotovoltaico per l'indipendenza energetica dipendono da diversi fattori, tra cui la dimensione del sistema, il tipo di installazione e la disponibilità di risorse solari nella zona in cui viene installato. Ecco una panoramica generale del processo di progettazione e installazione di un sistema fotovoltaico.

1. *Valutazione del fabbisogno energetico*: La prima fase del progetto di un sistema fotovoltaico è la valutazione del fabbisogno energetico dell'appartamento in cui sarà installato il sistema. Questo coinvolge la determinazione del consumo energetico medio giornaliero, mensile e annuale dell'edificio o dell'appartamento, considerando i carichi energetici come l'illuminazione, gli elettrodomestici, il riscaldamento, il raffreddamento e altri utilizzi energetici.

2. *Valutazione del sito e dell'esposizione solare*: La scelta del sito di installazione del sistema fotovoltaico è un aspetto chiave del progetto. Il sito deve essere valutato per determinare l'esposizione al sole, l'ombreggiamento potenziale da ostacoli come alberi o edifici vicini e l'angolo di inclinazione ideale per massimizzare la produzione di energia solare nei diversi mesi dell'anno.

3. *Dimensionamento del sistema*: In base alla valutazione del fabbisogno energetico e alle condizioni del sito, il sistema

34

fotovoltaico viene dimensionato per produrre l'energia elettrica necessaria per coprire il consumo energetico dell'edificio o dell'appartamento. Ciò coinvolge la determinazione del numero e della potenza delle unità fotovoltaiche necessarie, nonché la scelta di componenti come i pannelli solari, i regolatori di carica, gli inverter, le batterie, i sistemi di fissaggio ed i dispositivi di protezione e sicurezza.

4. Progettazione del sistema: Una volta determinate le dimensioni del sistema, viene eseguito il progetto dettagliato del sistema fotovoltaico. Questo può includere la progettazione dei circuiti elettrici, il dimensionamento dei pannelli, degli inverter e delle batterie, la scelta dei materiali per i sistemi di montaggio e la pianificazione dell'integrazione del sistema con l'infrastruttura elettrica esistente dell'appartamento o della villetta.

5. Approvazioni normative e permessi: Prima dell'installazione effettiva del sistema fotovoltaico, assicurarsi che non necessitino permessi o approvazioni normative da parte delle autorità locali o nazionali. Questo può includere la verifica della conformità del sistema con le norme locali sulla sicurezza elettrica, la pianificazione urbana e altre regolamentazioni pertinenti.

6. Installazione del sistema: dopo aver verificato il possesso di tutti i permessi, se necessari, il sistema fotovoltaico può essere installato. Si inizia con il fissaggio dei pannelli solari

sulle strutture di appoggio, la stesura dei cavi elettrici per la corrente continua, la connessione degli inverter e delle batterie e la messa in funzione del sistema per garantire che funzioni correttamente e generi energia elettrica.

7. *Manutenzione:* Dopo l'installazione del sistema fotovoltaico, è importante verificare quotidianamente l'impianto e, eventualmente, effettuare la manutenzione periodica dei componenti del sistema, come la pulizia dei pannelli solari e la verifica dei cavi e delle connessioni elettriche.

8. *Integrazione con l'infrastruttura esistente:* Il sistema fotovoltaico può essere integrato con l'infrastruttura elettrica esistente dell'edificio. Questo può includere la connessione del sistema alla rete elettrica locale, la configurazione dell'interfaccia di connessione alla rete (ad esempio, l'inverter di connessione in rete), e la pianificazione delle procedure di gestione dell'energia per garantire l'efficienza del sistema.

9. *Sicurezza e conformità normativa:* La sicurezza è un aspetto critico nella progettazione e nell'installazione di un sistema fotovoltaico. È importante assicurarsi che il sistema sia installato in conformità con le norme di sicurezza elettrica locali e nazionali, come ad esempio l'isolamento dei cavi elettrici, la protezione contro i cortocircuiti e la messa a terra adeguata del sistema.

10. *Monitoraggio delle prestazioni: Dopo l'installazione, il sistema fotovoltaico deve essere monitorato per valutare la sua performance e l'efficienza operativa. Ciò può coinvolgere il monitoraggio dei dati di produzione di energia, la verifica delle prestazioni degli inverter e delle batterie, e l'identificazione di eventuali anomalie o problemi che potrebbero influire sulle prestazioni del sistema.*

In sintesi, il progetto e le modalità di installazione di un sistema fotovoltaico per l'indipendenza energetica richiedono una valutazione accurata del fabbisogno energetico, delle condizioni del sito e delle normative locali, la progettazione dettagliata del sistema, l'ottenimento di eventuali permessi, l'installazione e l'integrazione con l'infrastruttura esistente, la gestione della sicurezza e la monitoraggio delle prestazioni. L'assistenza di un professionista esperto nella progettazione e nell'installazione di sistemi fotovoltaici può essere preziosa per garantire un'installazione corretta e una performance ottimale del sistema nel tempo, contribuendo a raggiungere l'obiettivo di indipendenza energetica.

Tetto fotovoltaico

14. Progetto e installazione di un sistema eolico

L'energia eolica è una fonte rinnovabile di energia che può essere sfruttata per produrre elettricità in modo sostenibile. I sistemi eolici per l'indipendenza energetica sono diventati sempre più popolari come soluzione per la generazione di energia pulita e riduzione delle emissioni di gas serra. In questo articolo, esamineremo i principi di base del progetto e dell'installazione di un sistema eolico per l'indipendenza energetica.

Progetto di un sistema eolico

Il progetto di un sistema eolico richiede una pianificazione accurata e una valutazione dettagliata delle risorse eoliche disponibili nel sito di installazione. Ecco alcuni passi fondamentali per il progetto di un sistema eolico:

1. Valutazione del sito: La prima fase del progetto di un sistema eolico è la valutazione del sito. Questo coinvolge la raccolta di dati sul vento nel sito di installazione, come la velocità e la direzione del vento mediante un anemometro, la frequenza e la durata delle raffiche di vento, e la presenza di ostacoli che potrebbero influenzare il flusso del vento. Queste

informazioni sono fondamentali per determinare la fattibilità e la capacità di produzione di energia del sistema eolico.

2. Dimensionamento del sistema: Una volta raccolti i dati sul vento, è necessario dimensionare il sistema eolico in base al fabbisogno energetico dell'edificio. Ciò implica la determinazione della potenza nominale dell'aerogeneratore, che dipende dalla velocità del vento media annuale e dal fabbisogno energetico del sito. Un sistema eolico ben dimensionato deve essere in grado di coprire almeno una parte significativa del fabbisogno energetico del sito per garantire l'indipendenza energetica.

3. Scelta dell'aerogeneratore: La scelta dell'aerogeneratore è un aspetto critico del progetto di un sistema eolico. Esistono diversi tipi di aerogeneratori, ad asse orizzontale e ad asse verticale, con diverse dimensioni, forme e prestazioni. È importante selezionare un aerogeneratore adatto alle condizioni del sito, alla velocità del vento e alle esigenze energetiche del progetto.

Pala eolica ad asse orizzontale   *Pala eolica ad asse verticale*

Sistemi di accumulo dell'energia: Poiché la produzione di energia eolica può variare a seconda delle condizioni del vento, è spesso necessario includere un sistema di accumulo dell'energia per garantire un approvvigionamento continuo di energia. Questo può includere l'utilizzo di batterie per immagazzinare l'energia prodotta in eccesso durante i periodi di vento forte, che può poi essere utilizzata durante i periodi di vento debole o assenza di vento.

5. Sistemi di controllo e monitoraggio: I sistemi eolici richiedono anche sistemi di controllo e monitoraggio per garantire un funzionamento sicuro ed efficiente. Questi sistemi possono includere dispositivi di protezione contro sovratensioni, controllori di carica per le batterie, sistemi di monitoraggio del vento e dei dati di produzione, e sistemi di controllo dell'inverter per convertire l'energia elettrica prodotta dall'aerogeneratore in corrente alternata adatta all'uso.

Una volta completata la fase di progettazione, l'installazione di un sistema eolico richiede attenzione e competenza tecnica per garantire un'installazione corretta e sicura.

1. Installazione della torre: La torre è l'elemento che sostiene l'aerogeneratore e lo posiziona ad un'altezza sufficiente per catturare il vento in modo efficace. L'installazione della torre può variare a seconda del tipo di aerogeneratore e delle condizioni del terreno, ma generalmente coinvolge la fondazione della torre, l'assemblaggio dei segmenti della torre e il sollevamento dell'aerogeneratore sulla torre utilizzando attrezzature specializzate. Per generatori eolici da balcone o da giardino la torre può essere anche di un metro o poco più.

2. Installazione dell'aerogeneratore: Una volta che la torre è stata installata correttamente, l'aerogeneratore può essere montato sulla cima della torre. Questo va fissato sulla torre in modo sicuro e stabile.

3. *Collegamento elettrico:* Dopo l'installazione dell'aerogeneratore, è necessario collegare il sistema eolico all'impianto elettrico dell'edificio. Ciò può includere l'installazione di cavi elettrici adeguati per collegare l'aerogeneratore all'inverter, che converte l'energia elettrica prodotta dall'aerogeneratore in corrente alternata per l'uso nell'impianto elettrico dell'edificio.

4. *Installazione dei sistemi di accumulo:* Se è stato previsto un sistema di accumulo dell'energia, come le batterie, queste devono essere installate correttamente e collegate all'inverter o al sistema elettrico del sito. Ciò può richiedere la scelta e l'installazione di batterie adatte alle esigenze del sistema eolico e l'installazione di dispositivi di controllo per gestire la carica e la scarica delle batterie.

5. *Collaudo e messa in servizio:* Una volta completata l'installazione del sistema eolico, è necessario effettuare un collaudo completo del sistema per verificare il suo corretto funzionamento. Ciò può includere la verifica dei collegamenti elettrici, la misurazione delle prestazioni dell'aerogeneratore, la messa in servizio dei sistemi di controllo e monitoraggio, e la verifica del funzionamento del sistema di accumulo dell'energia, se presente.

15. Costi e finanziamenti dei sistemi fotovoltaici

I costi di un sistema fotovoltaico dipendono da diversi fattori, tra cui la dimensione del sistema, la qualità dei componenti utilizzati, la complessità dell'installazione e la regione geografica in cui si trova l'impianto. In generale, i principali costi associati all'installazione di un sistema fotovoltaico includono:

1. *Costi dei moduli fotovoltaici*: I moduli fotovoltaici sono le componenti principali di un sistema fotovoltaico e costituiscono una parte significativa dei costi totali. Il costo dei moduli dipende dalla loro potenza, qualità e produttore. Tuttavia, nel corso degli anni, i costi dei moduli fotovoltaici sono diminuiti notevolmente, rendendo l'energia solare sempre più competitiva.

2. *Costi dell'inverter*: L'inverter è il dispositivo che converte l'energia elettrica prodotta dai moduli fotovoltaici in corrente alternata utilizzabile nell'impianto elettrico dell'edificio. Esistono diversi tipi di inverter, tra cui inverter centralizzati e inverter di stringa, ognuno con i propri costi associati.

3. *Costi dei supporti di montaggio*: I moduli fotovoltaici devono essere installati su supporti di montaggio, che possono variare a seconda del tipo di tetto, parete o terreno in cui viene installato il sistema. I costi dei supporti di montaggio dipendono dalla loro qualità e complessità.

4. *Costi di installazione*: L'installazione di un sistema fotovoltaico richiede competenze professionali e attrezzature specializzate. I costi di installazione includono la mano d'opera

per l'installazione dei moduli fotovoltaici, degli inverter e dei supporti di montaggio, nonché la messa in servizio del sistema.

5.   Costi di progettazione e permessi: La progettazione di un sistema fotovoltaico richiede la stesura di un progetto dettagliato, compresa la valutazione delle risorse solari, la scelta dei componenti elettrici e la progettazione del sistema di supporto. Inoltre, potrebbero essere necessari permessi o autorizzazioni locali per l'installazione di un sistema fotovoltaico, e questi potrebbero comportare costi aggiuntivi.

Finanziamenti per i sistemi fotovoltaici

Esistono diverse opzioni di finanziamento per l'installazione di sistemi fotovoltaici, tra cui:

1.   Finanziamento personale: Questa è l'opzione più semplice, in cui il proprietario dell'abitazione o il titolare del progetto utilizza risorse finanziarie proprie per coprire i costi di installazione del sistema fotovoltaico. Ciò potrebbe includere l'utilizzo di risparmi personali, prestiti personali o finanziamenti tramite carte di credito. Questa opzione offre un'indipendenza finanziaria completa, ma richiede una disponibilità di liquidità o accesso a finanziamenti personali.

2.   Prestiti o finanziamenti dedicati per l'energia solare: Molte istituzioni finanziarie offrono prestiti o finanziamenti specifici per l'energia solare. Questi prestiti o finanziamenti sono progettati appositamente per coprire i costi di installazione di un sistema fotovoltaico e spesso offrono tassi di interesse competitivi e termini di rimborso convenienti. Questa opzione permette di distribuire i costi di installazione nel tempo e di

pagare il sistema fotovoltaico con le entrate generate dall'energia solare prodotta.

3. *Programmi di finanziamento governativi:* In molti paesi, ci sono programmi di finanziamento governativi o incentivi fiscali per la promozione dell'energia solare e altre fonti di energia rinnovabile. Questi programmi potrebbero offrire prestiti agevolati, sussidi o incentivi fiscali per coprire i costi di installazione di un sistema fotovoltaico. Essi variano da paese a paese e da regione a regione, e potrebbero essere soggetti a requisiti specifici.

4. *Contratti di acquisto dell'energia (Power Purchase Agreements - PPA):* Questa è un'opzione in cui un'azienda specializzata nell'energia solare o un fornitore di servizi energetici installa e gestisce il sistema fotovoltaico presso l'abitazione o l'edificio del cliente, e il cliente paga un prezzo fisso per l'energia solare prodotta per un determinato periodo di tempo. In questo caso, il cliente non deve coprire i costi di installazione del sistema fotovoltaico, ma beneficia comunque di un'energia solare più economica rispetto alle tariffe tradizionali dell'energia elettrica.

Quindi prima di avviare un progetto di installazione di un sistema fotovoltaico, è importante valutare attentamente i costi e le opzioni di finanziamento disponibili. Un'analisi accurata dei costi e dei benefici, compresi i potenziali risparmi energetici e i vantaggi fiscali, può aiutare a prendere decisioni informate e a pianificare adeguatamente il finanziamento del progetto. Inoltre, è consigliabile consultare professionisti del settore energetico e finanziario per ottenere consigli e informazioni specifiche sulla situazione locale e sulle opportunità di finanziamento disponibili.

16. Costi e finanziamenti dei sistemi eolici

I costi associati all'installazione di un sistema eolico possono variare notevolmente in base alle dimensioni del sistema, alla location, al tipo di turbina eolica scelta e alle eventuali opzioni di personalizzazione. I principali costi associati all'installazione di un sistema eolico includono:

1. Costi dell'apparecchiatura: Questi includono il costo della turbina eolica stessa, delle pale, del sistema di controllo, della torre e degli accessori di installazione come l'ancoraggio. Il costo dell'apparecchiatura può variare notevolmente a seconda delle specifiche del sistema scelto e delle opzioni di personalizzazione desiderate.

2. Costi di installazione: Questi includono i costi associati all'installazione fisica del sistema eolico, compresi i lavori di costruzione della fondazione per la turbina eolica, l'installazione della torre, la connessione elettrica all'edificio e altre infrastrutture necessarie.

3. Costi di progettazione e ingegneria: La progettazione e l'ingegneria del sistema eolico possono richiedere consulenze professionali e servizi di progettazione specializzati, che comportano costi aggiuntivi.

4. Costi di permessi e autorizzazioni: L'installazione di un sistema eolico può richiedere l'ottenimento di permessi e autorizzazioni da parte delle autorità locali o di altri enti regolatori. Questi costi possono variare a seconda della regione e delle normative locali.

5. *Costi di manutenzione*: I sistemi eolici richiedono una regolare manutenzione per garantire un funzionamento affidabile nel tempo. Questi costi possono includere la manutenzione ordinaria come la pulizia delle pale e la lubrificazione dei componenti, così come la manutenzione straordinaria come la sostituzione di parti danneggiate o obsolete.

Finanziamenti dei Sistemi Eolici

Per coprire i costi di installazione di un sistema eolico, sono disponibili diverse opzioni di finanziamento. Alcune delle opzioni comuni includono:

1. *Finanziamenti bancari*: Le banche e altre istituzioni finanziarie offrono spesso prestiti o finanziamenti per l'installazione di sistemi eolici. Questi finanziamenti possono essere a tasso fisso o variabile e possono richiedere garanzie o requisiti di credito.

2. *Incentivi statali e federali*: In molte giurisdizioni, sono disponibili incentivi statali e federali sotto forma di crediti d'imposta, sussidi o finanziamenti agevolati per l'installazione di sistemi eolici. Questi incentivi possono contribuire a ridurre i costi di installazione e rendere più accessibile l'investimento in un sistema eolico.

3. *Programmi di finanziamento a costo condiviso*: Alcuni fornitori di sistemi eolici offrono programmi di finanziamento a costo condiviso, in cui il cliente paga un canone mensile o una quota in base all'energia prodotta dal sistema eolico, anziché pagare l'intero costo di installazione iniziale. Questo può rendere più accessibile l'installazione di un sistema eolico,

soprattutto per coloro che non possono permettersi di coprire l'intero costo iniziale.

4. *Finanziamenti tramite cooperative o associazioni:* In alcune comunità o regioni, possono essere disponibili opzioni di finanziamento tramite cooperative o associazioni di energia rinnovabile, che permettono ai membri di condividere i costi di installazione e manutenzione di sistemi eolici. Queste forme di finanziamento possono offrire vantaggi come tassi di interesse più bassi o requisiti di credito meno rigidi rispetto ai prestiti bancari tradizionali.

5. *Finanziamenti crowdfunding:* Il crowdfunding è diventato un'opzione popolare per finanziare progetti di energia rinnovabile, compresi i sistemi eolici. Attraverso piattaforme di crowdfunding specializzate, è possibile raccogliere fondi da una comunità di sostenitori interessati all'energia rinnovabile per coprire i costi di installazione di un sistema eolico.

6. *Investimenti aziendali:* Le aziende interessate a investire in energia rinnovabile possono finanziare l'installazione di sistemi eolici come parte delle loro strategie di sostenibilità. Questi investimenti possono generare rendimenti finanziari a lungo termine attraverso la produzione di energia elettrica e potrebbero essere finanziati attraverso prestiti o altre forme di finanziamento aziendale.

È importante notare che i costi e le opzioni di finanziamento per i sistemi eolici possono variare notevolmente a seconda della dimensione del sistema, della regione geografica, delle normative locali e di altri fattori.

17. Impatto ambientale e sociale dei sistemi fotovoltaici ed eolici

Dal punto di vista ambientale, i sistemi fotovoltaici ed eolici presentano diversi vantaggi rispetto alle fonti di energia tradizionali basate sui combustibili fossili. Entrambe le tecnologie sono a basse emissioni di carbonio e non producono inquinanti atmosferici o gas serra durante la generazione di energia. Inoltre, l'energia solare e quella eolica sono risorse rinnovabili illimitate, il che significa che non si esauriranno nel tempo come le fonti di energia fossile.

Tuttavia, anche i sistemi fotovoltaici ed eolici hanno un impatto ambientale che può variare a seconda di diversi fattori. Ad esempio, la produzione di pannelli solari richiede l'estrazione di materiali come silicio, alluminio e vetro, che possono comportare un impatto ambientale nella · fase di estrazione e di lavorazione. Inoltre, l'installazione di grandi impianti fotovoltaici può richiedere la conversione di terreni agricoli o naturali, che potrebbero comportare la distruzione di habitat naturali o la perdita di biodiversità. Per i terreni sarebbe preferibile la modalità dell'agrivoltaico consistente nella installazione di pannelli fotovoltaici ad una altezza di circa 3-4 metri di dal terreno per consentire le coltivazioni sul terreno sottostante con le consuete macchine agricole.

Anche l'energia eolica può avere un impatto ambientale. La costruzione di grandi parchi eolici richiede la preparazione del terreno, la costruzione di infrastrutture come strade e fondamenta per le turbine, e la connessione alla rete elettrica, che potrebbe comportare la conversione di terre agricole o naturali. Inoltre, le turbine eoliche possono avere un impatto sulla fauna selvatica, come gli uccelli e i pipistrelli, se non sono posizionate correttamente.

Tuttavia, è importante notare che l'impatto ambientale complessivo dei sistemi fotovoltaici ed eolici è generalmente considerato inferiore a quello delle fonti di energia tradizionali basate sui combustibili fossili, soprattutto in termini di emissioni di gas serra e inquinamento atmosferico. Inoltre, le tecnologie fotovoltaiche ed eoliche stanno continuamente migliorando in termini di efficienza e impatto ambientale, con un crescente uso di materiali più sostenibili e pratiche di gestione ambientale migliorate.

Impatto sociale dei sistemi fotovoltaici ed eolici

Oltre all'impatto ambientale, i sistemi fotovoltaici ed eolici possono avere anche un impatto sociale sia positivo che negativo. Dal lato positivo, questi sistemi possono contribuire a diversi benefici sociali. Ad esempio, possono creare nuovi posti di lavoro nella progettazione, produzione, installazione e manutenzione degli impianti fotovoltaici ed eolici, contribuendo a stimolare l'economia locale e a migliorare la qualità della vita delle comunità locali. Inoltre, l'energia rinnovabile può ridurre la dipendenza da fonti di energia importate e instabili, migliorando la sicurezza energetica di un paese o di una regione.

Tuttavia, ci sono anche alcune preoccupazioni in merito all'impatto sociale dei sistemi fotovoltaici ed eolici. Ad esempio, la costruzione di grandi impianti fotovoltaici o eolici potrebbe comportare la perdita di terre o proprietà per le comunità locali, con conseguenti impatti sulla loro economia e stile di vita. Inoltre, la distribuzione dei benefici economici generati dalla produzione di energia rinnovabile potrebbe non essere equa, con alcune comunità che traggono maggiori vantaggi rispetto ad altre. È quindi importante garantire una giusta partecipazione delle comunità locali nella pianificazione, nella *progettazione e nella gestione degli impianti fotovoltaici ed eolici, e nel condividere i benefici economici in modo equo.*

Inoltre, è importante considerare anche l'aspetto sociale della produzione dei materiali utilizzati nei sistemi fotovoltaici ed eolici. Ad esempio, l'estrazione di alcuni materiali, come il cobalto utilizzato nelle batterie fotovoltaiche, può essere associata a problemi di lavoro minorile e di condizioni di lavoro pericolose in alcune parti del mondo. Pertanto, è necessario adottare misure per garantire che la produzione di materiali per i sistemi fotovoltaici ed eolici avvenga in modo etico e sostenibile, rispettando i diritti dei lavoratori e le norme ambientali.

In conclusione, i sistemi fotovoltaici ed eolici sono fonti di energia rinnovabile che offrono vantaggi significativi in termini di riduzione delle emissioni di gas serra e dell'inquinamento atmosferico. Tuttavia, come con qualsiasi forma di produzione di energia, hanno anche un impatto ambientale e sociale che deve essere preso in considerazione. È importante valutare attentamente gli impatti ambientali e sociali dei sistemi fotovoltaici ed eolici durante l'intero ciclo di vita, dalla produzione dei materiali alla costruzione, alla manutenzione e alla dismissione degli impianti. Inoltre, è fondamentale coinvolgere le comunità locali nelle decisioni riguardanti la pianificazione, la progettazione e la gestione degli impianti fotovoltaici ed eolici, e garantire una distribuzione equa dei benefici economici generati da queste tecnologie. Solo così potremo realizzare il pieno potenziale dell'energia rinnovabile come una soluzione sostenibile per il nostro futuro energetico.

18. Sviluppi tecnologici futuri per i sistemi fotovoltaici ed eolici

Gli sviluppi tecnologici futuri per i sistemi fotovoltaici ed eolici promettono di portare una rivoluzione nell'industria dell'energia rinnovabile, aprendo la strada a un futuro più sostenibile e a basse emissioni di carbonio.

La tecnologia fotovoltaica ha già fatto grandi passi avanti negli ultimi decenni, ma ci sono ancora molte opportunità di sviluppo. Una delle aree di ricerca promettenti è la tecnologia delle celle solari a concentrazione, che utilizza lenti o specchi per concentrare la luce solare su celle fotovoltaiche ad alta efficienza. Questo permette di ottenere una resa energetica maggiore anche in aree con bassa irradiazione solare, come ad esempio regioni con clima nuvoloso o invernale.

Inoltre, gli sviluppatori stanno lavorando su nuovi materiali per le celle solari, come le celle solari organiche o perovskite, che hanno il potenziale per raggiungere efficienze ancora più elevate rispetto alle celle solari tradizionali al silicio. Questi materiali sono più economici e flessibili, aprendo la strada a nuove applicazioni in edifici integrati e dispositivi indossabili.

Un'altra sfida nell'energia rinnovabile è la capacità di immagazzinare l'energia prodotta in modo intermittente dai sistemi fotovoltaici ed eolici. In questo contesto, gli sviluppatori stanno cercando di migliorare le tecnologie di accumulo dell'energia, come le batterie al litio, per aumentare la capacità di stoccaggio e ridurre i costi. Inoltre, stanno emergendo nuove soluzioni di accumulo energetico, come le batterie a flusso, che utilizzano elettroliti liquidi per immagazzinare energia in grandi quantità e permettono di scalare facilmente la capacità di stoccaggio.

Un'altra tendenza emergente è l'integrazione dei sistemi fotovoltaici ed eolici direttamente in edifici e infrastrutture. Questo può essere realizzato tramite l'installazione di pannelli solari sui tetti degli edifici, la costruzione di facciate fotovoltaiche o l'integrazione di turbine eoliche in strutture come ponti o torri.

Inoltre, la tecnologia delle celle solari trasparenti sta facendo progressi significativi, aprendo la possibilità di utilizzare finestre, vetrate o superfici trasparenti per la produzione di energia solare. Questo potrebbe rivoluzionare il modo in cui gli edifici sono progettati, consentendo una produzione di energia pulita e decentralizzata direttamente negli stessi edifici.

Un'altra area di sviluppo importante per i sistemi fotovoltaici ed eolici è la tecnologia di monitoraggio e gestione intelligente. L'uso di sensori, analisi dei dati e intelligenza artificiale può consentire una migliore gestione dei sistemi, ottimizzando la produzione di energia, prevenendo malfunzionamenti e migliorando l'efficienza complessiva. Ad esempio, i sistemi di monitoraggio possono rilevare automaticamente eventuali guasti o perdite di efficienza nelle celle solari o nelle turbine eoliche, consentendo interventi tempestivi di manutenzione.

Inoltre, la gestione intelligente dell'energia può consentire la gestione flessibile della produzione e della distribuzione dell'energia rinnovabile, integrando la produzione di energia solare ed eolica con altre fonti di energia rinnovabile o con la rete elettrica. Questo permette di ottimizzare l'utilizzo dell'energia in base alle esigenze in tempo reale, riducendo i costi e migliorando l'affidabilità dell'approvvigionamento energetico.

Un'altra tendenza emergente è lo sviluppo di sistemi ibridi e integrati che combinano diverse fonti di energia rinnovabile per massimizzare la produzione di energia pulita. Ad esempio, i sistemi fotovoltaici ed eolici possono essere combinati con sistemi di accumulo dell'energia e con altre fonti di energia rinnovabile come l'idroelettrico o la biomassa, per creare sistemi energetici complessi e integrati.

Inoltre, la combinazione di sistemi fotovoltaici ed eolici con altre infrastrutture o processi industriali può consentire di sfruttare sinergie e ottimizzare l'utilizzo delle risorse. Ad esempio, i parchi eolici offshore possono essere integrati con infrastrutture di produzione di idrogeno da fonti rinnovabili, consentendo la produzione di energia elettrica e idrogeno puliti nello stesso impianto.

Infine, gli sviluppatori stanno cercando di sfruttare il potenziale dell'energia rinnovabile offshore, sia nel settore fotovoltaico che eolico. L'energia solare offshore può essere sfruttata mediante l'installazione di piattaforme o isole solari galleggianti in mare aperto, mentre l'energia eolica offshore può essere prodotta attraverso l'installazione di turbine eoliche sulle piattaforme o ancorate sul fondale marino.

Queste tecnologie offshore offrono un enorme potenziale per aumentare la produzione di energia rinnovabile, in quanto le risorse sono più abbondanti e costanti rispetto alle fonti terrestri. Tuttavia, ci sono ancora sfide tecnologiche, logistiche e di costo da superare per sfruttare appieno questo potenziale.

In sintesi, gli sviluppi tecnologici futuri per i sistemi fotovoltaici ed eolici promettono di portare a un aumento significativo della produzione di energia pulita e rinnovabile. La continua ricerca e innovazione nel campo delle celle solari, delle turbine eoliche, della gestione intelligente dell'energia, dei sistemi ibridi e integrati e delle tecnologie offshore stanno aprendo nuove opportunità per rendere sempre più efficiente, affidabile e accessibile l'energia rinnovabile.

Tuttavia, ci sono ancora sfide da superare, come la diminuzione dei costi di produzione, la risoluzione di problematiche logistiche e la gestione dell'intermittenza delle fonti rinnovabili. È fondamentale continuare a investire nella ricerca e nello sviluppo di tecnologie innovative, promuovere la collaborazione tra industria, ricerca e governi e incoraggiare politiche e incentivi a sostegno delle energie rinnovabili.

L'adozione diffusa di sistemi fotovoltaici ed eolici può avere un impatto significativo nella riduzione delle emissioni di gas serra, nell'affrontare il cambiamento climatico e nella promozione di un futuro sostenibile ed ecologicamente responsabile. Con ulteriori sviluppi tecnologici e l'adozione di soluzioni innovative, i sistemi fotovoltaici ed eolici stanno diventando sempre più una parte fondamentale del mix energetico globale, contribuendo a mitigare l'effetto dei cambiamenti climatici e a creare un mondo più pulito ed energeticamente sostenibile.

19. Le tipologie più diffuse: On Grid, Off Grid, Ibrido e Plug&Play

Impianto di tipo On-grid:

- *Pregi:*

  - *L'impianto è connesso alla rete elettrica nazionale, quindi si può utilizzare l'energia prodotta dall'impianto e, in caso di necessità, acquistare energia dalla rete e venderla alla rete. Questo rende l'installazione molto conveniente, poiché non è necessario acquistare batterie per immagazzinare l'energia.*

  - *L'impianto on-grid è in grado di generare reddito attraverso il meccanismo dello Scambio Sul Posto (SSP), che prevede la vendita dell'energia prodotta in eccesso alla rete nazionale. Questo meccanismo consente di ottenere un ritorno economico sull'investimento dell'impianto.*

  - *L'impianto on-grid non richiede manutenzione costante e periodica delle batterie per la conservazione dell'energia.*

- *Difetti:*

  - *In caso di blackout o di interruzione della rete elettrica, l'impianto on-grid si spegne automaticamente e non fornisce energia elettrica agli utenti, si resta quindi al buio. Questo è un requisito di sicurezza previsto appositamente per evitare che, nel caso in cui un tecnico manutentore del gestore elettrico che stacca l'alimentazione per interventi sulla rete, possa restare* fulminato ad opera di una tensione proveniente dall'utente produttore di energia elettrica.

- L'impianto on-grid richiede un'installazione professionale da parte di tecnici specializzati e l'autorizzazione da parte delle autorità competenti.

- L'impianto on-grid potrebbe essere in futuro oggetto di tassazione da parte del governo proprio per la sua caratteristica di utilizzo della rete elettrica esterna per acquisto o vendita di energia.

Impianto di Off-grid:

- Pregi:

  - L'impianto off-grid è indipendente dalla rete elettrica, quindi può fornire energia anche in caso di blackout o di interruzione della rete elettrica. Opzione quindi davvero molto utile.
  - L'impianto off-grid può essere installato ovunque, anche in zone remote e isolate, dove non è possibile connettersi alla rete elettrica.
  - L'impianto off-grid non dipende dalle fluttuazioni della rete elettrica, quindi può essere più stabile e affidabile.

- Difetti:

  - L'impianto off-grid richiede l'acquisto di batterie per l'accumulo dell'energia prodotta, il che può aumentare i costi di installazione.
  - L'impianto off-grid richiede una verifica costante e periodica delle batterie per la conservazione dell'energia.

- L'impianto off-grid non può beneficiare del meccanismo dello scambio sul posto e non può generare reddito attraverso la vendita dell'energia prodotta in eccesso.

Impianto di tipo Ibrido:

Un impianto fotovoltaico di tipo ibrido che non immette energia nella rete pubblica viene definito anche "impianto fotovoltaico di autoconsumo". In questo caso, l'impianto è collegato alla rete elettrica nazionale, ma l'energia prodotta viene utilizzata esclusivamente dall'utente, senza essere immessa nella rete. Vediamo i pregi e i difetti di questa opzione:

- Pregi:

  - L'impianto fotovoltaico ibrido consente all'utente di utilizzare l'energia prodotta dal proprio impianto elettrico, riducendo così la dipendenza dall'energia elettrica tradizionale e risparmiando sulla bolletta dell'elettricità.
  - L'impianto fotovoltaico ibrido è un'opzione sostenibile e amica dell'ambiente, che consente di ridurre l'impatto ambientale derivante dalla produzione di energia elettrica tradizionale.
  - L'impianto fotovoltaico ibrido può essere dimensionato in base alle esigenze specifiche dell'utente, in modo da coprire il consumo energetico dell'utente e garantire un'efficienza energetica elevata.

- Difetti:

- L'impianto fotovoltaico ibrido non può beneficiare del meccanismo dello scambio sul posto, che consente di vendere l'energia prodotta in eccesso alla rete elettrica nazionale.

- L'impianto fotovoltaico ibrido richiede l'acquisto di batterie per l'accumulo dell'energia prodotta, se l'utente vuole utilizzare l'energia prodotta anche durante le ore notturne o in caso di blackout. Questo può aumentare i costi di installazione e di manutenzione dell'impianto.

- L'impianto fotovoltaico ibrido richiede un'installazione professionale da parte di tecnici specializzati e l'autorizzazione da parte delle autorità competenti.

In sintesi, l'installazione di un impianto fotovoltaico di autoconsumo è un'ottima opzione per chi vuole ridurre il consumo di energia elettrica tradizionale e risparmiare sulla bolletta dell'elettricità, senza dover necessariamente vendere l'energia prodotta in eccesso alla rete elettrica nazionale, evitando così tutta una serie di pratiche burocratiche e lunghi tempi di attesa da parte dei gestori elettrici per l'attivazione della pratica dello scambio sul posto. Tuttavia, l'acquisto delle batterie e l'installazione professionale possono aumentare i costi iniziali dell'impianto.

Impianto di tipo Plug & Play:

Un impianto fotovoltaico di tipo Plug & Play consiste essenzialmente di un pannello fotovoltaico di potenza inferiore ai 350 watt, di un microinverter collocato all'ombra del pannello stesso e di una spina maschio a 230 V da inserire in una presa femmina a 230 V di una linea dedicata proveniente esclusivamente dal contatore del gestore elettrico.

- Pregi:

    - L'impianto fotovoltaico plug & play è facile da installare, poiché non richiede una complessa connessione elettrica o lavori di costruzione. Può essere installato da personale non specializzato o addirittura dagli stessi proprietari dell'appartamento.
    - Gli impianti fotovoltaici plug & play sono generalmente più economici rispetto agli impianti fotovoltaici tradizionali, poiché non richiedono componenti complessi o costose opere di installazione.
    - Gli impianti fotovoltaici plug & play permettono di avvalersi della pratica dello Scambio Sul Posto (SSP) che consente di scalare il costo dell'energia prodotta dal costo dell'energia acquistata dal gestore elettrico.

- Difetti:

    - Gli impianti Plug & Play hanno una potenza ridotta, generalmente limitata ai 350 watt.
    - Non consentono di avere energia elettrica in casa se la rete pubblica esterna è in blackout.

20. I componenti utilizzati negli impianti fotovoltaici

Vediamo adesso in sintesi i componenti di un impianto fotovoltaico On Grid

1. *Pannelli fotovoltaici: sono i componenti principali dell'impianto, costituiti da celle solari che convertono l'energia solare in energia elettrica grazie al principio fotoelettrico (premio Nobel 1921 ad Albert Einstein per il suo lavoro sulla spiegazione dell'effetto fotoelettrico del 1905). I pannelli fotovoltaici sono installati su una struttura di supporto, in modo da ottimizzare l'esposizione al sole. Per massimizzare la produzione di energia i pannelli dovrebbero essere ben esposti al sole evitando possibili ombre da parte di camini o alberi che potrebbero ridurne la produzione di energia. Ogni modello di pannello fotovoltaico ha la sua efficacia espressa in termini percentuali. Quindi ad esempio un pannello fotovoltaico che ha una efficacia dichiarata dal suo costruttore del 20% significa che il 20% della luce solare che lo colpisce viene convertita in energia elettrica. Volendo essere ancora più precisi, efficienza del 20% significa che servono 100 fotoni per scalzare 20 elettroni dalla banda di valenza e portarli nella sua banda di conducibilità in modo che partecipino al flusso di corrente elettrica generata. L'efficienza di un pannello dipende anche dalla temperatura delle celle fotovoltaiche che lo compongono. Questa a sua volta è influenzata dalla temperatura ambiente, dalla velocità del vento intorno al pannello, dalla intensità della radiazione solare. L'efficienza di un pannello cala del 5% per ogni 10 °C di aumento della temperatura a partire da 25 °C. In zone relativamente calde come il Sud Italia, dove le temperature della cella fotovoltaica possono arrivare anche a 60 °C, la*

riduzione di efficacia può raggiungere anche il 18%. E' buona norma quindi lasciare che al di sotto dei pannelli circoli liberamente aria in modo da raffreddare d'estate il retro del pannello fotovoltaico. Ciò accade facilmente negli impianti a balcone dove sul retro del pannello scorre liberamente un flusso d'aria. Meno spesso accade sulle installazioni a falda dove può accadere che il pannello sia fissato sulla falda e lo spazio al di sotto sia davvero limitato impedendo una liberazione circolazione dell'aria. Ad aggravare la situazione di scarsa ventilazione poi contribuiscono in alcune maldestre installazioni i dispositivi anti-piccioni che bloccano del tutto la circolazione dell'aria. Questi dispositivi vanno assolutamente evitati. E' meglio farsi carico di una pulizia periodica al di sotto dei pannelli ma evitare di porre barriere anti-piccioni che ridurrebbero la produzione mensile di energia anche del 20%.

2. Inverter: l'inverter è il componente che converte l'energia continua prodotta dai pannelli fotovoltaici in energia alternata, che può essere utilizzata dagli elettrodomestici e dagli altri dispositivi elettrici dell'utente. L'inverter è in grado di adattare la tensione e la frequenza dell'energia elettrica prodotta dall'impianto fotovoltaico alle esigenze della rete elettrica nazionale. In alcuni modelli di inverter è incluso anche il regolatore di carica che regola in modo opportuno il flusso di corrente elettrica evitando il sovraccarico o il sovrascarico della batteria, prolungandone la vita. Nei modelli di inverter che non includono il regolatore di carica va chiaramente acquistato a parte ed installato nell'impianto.

3. Regolatore di carica: Il regolatore di carica verifica costantemente la tensione della batteria e regola la tensione in uscita dal pannello fotovoltaico in modo da garantire che la

batteria non sia sovraccaricata o scaricata eccessivamente. In questo modo, si evita la possibilità di danni alla batteria e se ne prolunga la sua vita. Svolge anche la funzione di protezione da sovraccarico interrompendo l'energia dal modulo solare quando la batteria è completamente carica. Allo stesso modo disconnette automaticamente il carico quando la tensione della batteria raggiunge un valore minimo, evitando la scarica eccessiva della batteria. E' quindi un componente chiave dell'impianto ed è importante che sia di qualità.

4. Contatore bidirezionale: il contatore bidirezionale è un dispositivo che misura l'energia elettrica prodotta dall'impianto fotovoltaico e quella prelevata dalla rete elettrica nazionale. Questo dispositivo, necessario per abilitare l'utente alla pratica di Scambio Sul Posto (SSP), consente di calcolare la quantità di energia elettrica scambiata tra l'impianto fotovoltaico e la rete elettrica nazionale, in modo da determinare il costo dell'energia consumata e il credito dell'energia prodotta. Potete facilmente accorgervi se avete un contatore bidirezionale dalla presenza di una doppia freccia sulla parete esterna della plastica di chiusura. In realtà il contatore, più che monodirezionale o bidirezionale, andrebbe chiamato monoverso o biverso perché la direzione del flusso è sempre la medesima cioè quella centrale elettrica-utente ma ciò che cambia è il verso. In un verso il contatore biverso misura l'energia che l'utente assorbe dalla rete elettrica pubblica mentre nel verso opposto misura l'energia ceduta alla rete elettrica pubblica.

5. *Protezioni: l'impianto fotovoltaico deve essere protetto da sovratensioni, cortocircuiti e altri problemi che potrebbero comprometterne il funzionamento e la sicurezza. Per questo motivo, l'impianto è dotato di dispositivi di protezione come interruttori automatici, dispositivi di protezione contro le sovratensioni e gli sbalzi di corrente, sezionatori e portafusibili con fusibili di misura adeguata alle correnti in gioco.*

6. *Cablaggio: il cablaggio collega i componenti dell'impianto fotovoltaico tra loro e con la rete elettrica nazionale. Il cablaggio deve essere dimensionato in modo adeguato per garantire la massima efficienza dell'impianto e la sicurezza dell'utente. Il cablaggio sarà di diverso diametro nei tratti pannelli-inverter e inverter-batteria per le diverse correnti che li attraversano. Il dimensionamento dei cavi elettrici va effettuato grazie alle leggi di Ohm di cui parleremo più avanti.*

7. *Supporti di fissaggio: i supporti di fissaggio sono i componenti che permettono di installare i pannelli fotovoltaici sulla struttura di supporto. I supporti devono essere robusti e resistenti per garantire la stabilità dei pannelli e la loro esposizione al sole e al vento.*

8. *Struttura di supporto: la struttura di supporto è il componente che sostiene i pannelli fotovoltaici e li posiziona in modo ottimale rispetto al sole. La struttura di supporto deve essere progettata in modo da garantire la massima esposizione al sole e la massima efficienza dell'impianto fotovoltaico.*

9. *Batterie: le batterie possono essere utilizzate per accumulare l'energia prodotta dall'impianto fotovoltaico, in modo da utilizzarla durante le ore notturne. Le batterie aumentano i costi dell'impianto, ma consentono di aumentare l'autonomia dell'impianto e di ridurre la dipendenza dalla rete elettrica nazionale.*

10. *Monitoraggio impianto: l'impianto fotovoltaico può essere dotato di un sistema di monitor per misure di temperatura ambiente, webcam per monitoraggio da remoto via wifi. Possono essere anche aggiunti interruttori wifi come Shelly o Sonoff per spegnere o accendere parti dell'impianto da remoto. Ciò aggiunge garanzia di sicurezza all'impianto fotovoltaico.*

In sintesi l'utente di un impianto fotovoltaico on grid utilizza dapprima l'energia prodotta dai pannelli fotovoltaici in ore diurne, poi utilizza l'energia accumulata nelle batterie per il proprio autoconsumo serale e notturno. Se ne avanza la cede alla rete pubblica e ne ricava un beneficio economico attraverso la pratica dello Scambio sul Posto (SSP). Quindi l'ordine di priorità delle fonti di energia è il seguente: Solare, batteria, rete pubblica. Si acquista quindi energia dalla rete pubblica solo ed esclusivamente dopo aver attinto all'energia solare e all'energia accumulata in batteria.

Un impianto fotovoltaico On Grid, ovvero un impianto che è collegato alla rete elettrica nazionale, deve soddisfare diverse norme e regolamentazioni del settore elettrico, al fine di garantire la sicurezza dell'installazione e la compatibilità con la rete elettrica. Alcune delle principali norme sono:

1. Norme CEI (Comitato Elettrotecnico Italiano): le norme CEI definiscono i requisiti per l'installazione e la messa in servizio di impianti fotovoltaici, sia a terra che su tetti, e stabiliscono le procedure di collaudo e verifica.

2. Norme ENEL Distribuzione: ENEL Distribuzione è l'ente responsabile della gestione della rete elettrica in Italia e ha definito le norme tecniche e di sicurezza che gli impianti fotovoltaici devono rispettare per essere connessi alla rete.

3. Norme UNI (Ente Nazionale Italiano di Unificazione): le norme UNI definiscono i requisiti per la sicurezza e l'affidabilità degli impianti fotovoltaici, inclusi i requisiti di installazione e di manutenzione.

4. Norme CE: le norme CE in ambito europeo stabiliscono i requisiti di sicurezza e di compatibilità elettromagnetica per gli impianti fotovoltaici.

5. Norme tecniche di riferimento: le norme tecniche di riferimento sono emesse da organizzazioni internazionali, come l'IEC (International Electrotechnical Commission), e definiscono i requisiti tecnici per la progettazione, l'installazione e la manutenzione degli impianti fotovoltaici.

Vediamo adesso in sintesi i componenti di un impianto fotovoltaico Off Grid

I componenti di un impianto fotovoltaico Off Grid sono sostanzialmente gli stessi, fatta eccezione per il contatore bidirezionale che chiaramente non è presente perché non ce n'è necessità non essendo prevista la pratica di Scambio sul Posto (SSP). L'impianto off-grid è totalmente indipendente e distaccato dalla rete pubblica.

1. Pannelli fotovoltaici

2. Inverter

3. Regolatore di carica (se non già presente nell'inverter)

4. Protezioni

5. Cablaggio

6. Supporti di fissaggio

7. Struttura di supporto

8. Batterie

9. Monitoraggio impianto

Per quanto concerne le norme a cui deve rispondere un impianto fotovoltaico Off Grid, sono le medesime dell'impianto On Grid ad eccezione delle norme di Enel Distribuzione chiaramente superflue non essendo l'impianto connesso alla rete pubblica.

Vediamo adesso in sintesi i componenti di un impianto fotovoltaico Ibrido

I componenti di un impianto ibrido sono sostanzialmente gli stessi di un impianto On Grid con l'aggiunta di un contattore detto talvolta anche teleruttore o commutatore:

10. *Pannelli fotovoltaici*

11. *Inverter* (*semplice* o *ibrido*)

12. *Regolatore di carica* (se non già presente nell'inverter)

13. *Protezioni*

14. *Cablaggio*

15. *Supporti di fissaggio*

16. *Struttura di supporto*

17. *Batterie*

18. *Monitoraggio impianto*

19. *Contattore* (o teleruttore)

Il contattore altro non è che un interruttore che apre e chiude degli interruttori e viene utilizzato per commutare tra loro 2 circuiti elettrici.

Nel caso specifico di un impianto fotovoltaico ibrido il contattore viene utilizzato per commutare la rete domestica sulla rete elettrica pubblica o sulla rete elettrica proveniente dall'impianto fotovoltaico.

In tal modo i carichi elettrici presenti nell'appartamento possono essere alimentati dalla energia proveniente dai pannelli fotovoltaici in ore diurne, dall'energia proveniente dalla batteria in ore serali e notturne e, solo qualora non fosse sufficiente, il prelievo di energia avverrebbe dalla rete pubblica grazie al contattore che commuterebbe a favore di quest'ultima in pochi millisecondi. In tal modo di riuscirebbe a ridurre al minimo la dipendenza energetica dal proprio gestore elettrico.

Per quanto concerne le norme a cui deve rispondere un impianto fotovoltaico ibrido, sono le medesime dell'impianto On Grid ad eccezione delle norme di Enel Distribuzione chiaramente superflue non essendo l'impianto connesso alla rete pubblica. Il contattore infatti mantiene galvanicamente separate la rete elettrica pubblica dalla rete domestica quando quest'ultima è connessa alla rete proveniente dall'impianto fotovoltaico.

Vediamo adesso in sintesi i componenti di un impianto fotovoltaico Plug&Play

I componenti di un impianto fotovoltaico Plug&Play sono ridotti al minimo. L'impianto fotovoltaico Plug&Play detto anche "a balcone" per la facilità con cui può essere appeso al balcone di un generico condominio, è composto da un pannello solare di circa 350 watt, un microinverter di dimensioni tipiche 212 x 175 x 30,2 mm. ed una spina maschio che và inserita in una presa dedicata dell'appartamento proveniente direttamente dal contatore e senza alcuna derivazione.

Il <u>microinverter</u> raccoglie in sé diverse funzioni in quanto contiene al suo interno:

- un regolatore di carica,

- un inverter,

- una protezione anti-isola,

- una protezione differenziale,

- una protezione da corto-circuito,

- una protezione da surriscaldamento,

- un sistema di controllo della fase della forma d'onda per garantire il sincronismo tra la forma d'onda generata localmente con quella in arrivo dalla rete pubblica.

I microinverter sono dispositivi elettronici che convertono l'energia prodotta dai moduli fotovoltaici in energia elettrica a 230 V in corrente alternata, sempre in fase con la tensione della rete elettrica pubblica.

Per sincronizzare la fase della forma d'onda a 220V prodotta dal microinverter con la fase della forma d'onda a 220V della rete elettrica pubblica, i microinverter utilizzano un sistema di controllo di fase.

Il sistema di controllo di fase del microinverter funziona in questo modo: il microinverter monitora la forma d'onda della tensione della rete elettrica pubblica attraverso un sensore di tensione. In base a questa misura, il microinverter determina la fase della tensione della rete elettrica pubblica. Successivamente, il microinverter utilizza un circuito di controllo di fase per generare una tensione con la stessa frequenza e ampiezza della tensione della rete elettrica pubblica, ma con una fase regolabile.

Attraverso il circuito di controllo di fase, il microinverter può regolare la fase della tensione prodotta in modo che sia in fase con la tensione della rete elettrica pubblica. In questo modo, la tensione prodotta dal microinverter viene sincronizzata con la tensione della rete elettrica pubblica, garantendo che l'energia prodotta dal microinverter possa essere immessa nella rete elettrica senza causare problemi di incompatibilità o di sicurezza.

Tutto ciò garantisce che anche toccando involontariamente la spina maschio in uscita dal microinverter non si resti fulminati perché il sensore di tensione si accorge della mancanza della rete pubblica e non consente l'erogazione dell'energia. Chiaramente ciò diventa uno svantaggio quando c'è un black-out sulla rete esterna perché il sensore di tensione percependo l'assenza della rete pubblica blocca l'erogazione di energia e si resta comunque al buio anche se il sole sta irradiando energia sui pannelli.

21. Le proposte del mercato in termini di tecnologia dei materiali

Pannelli fotovoltaici

Esistono diverse tipologie di pannelli fotovoltaici in commercio, ognuna con le sue specifiche caratteristiche. Ecco una panoramica delle principali tipologie di pannelli fotovoltaici:

1. *Pannelli fotovoltaici monocristallini: i pannelli monocristallini sono realizzati con singoli cristalli di silicio di alta purezza. Questi pannelli hanno un'efficienza energetica elevata, in quanto il singolo cristallo consente di ridurre le perdite di energia. Tuttavia, i pannelli monocristallini sono anche i più costosi rispetto ad altre tipologie di pannelli fotovoltaici.*

2. *Pannelli fotovoltaici policristallini: i pannelli policristallini sono realizzati con più cristalli di silicio. Questi pannelli sono meno costosi rispetto ai pannelli monocristallini e sono anche più facili da produrre. Tuttavia, l'efficienza energetica dei pannelli policristallini è leggermente inferiore rispetto ai pannelli monocristallini.*

3. *Pannelli fotovoltaici a film sottile: questi pannelli sono realizzati con sottili strati di materiali semiconduttori come il silicio amorfo, il cadmio telluride o il rame indio gallio selenio. I pannelli a film sottile sono meno costosi rispetto ai pannelli monocristallini e policristallini e sono anche più leggeri e*

flessibili. Tuttavia, l'efficienza energetica dei pannelli a film sottile è solitamente inferiore rispetto ai pannelli cristallini.

4. Pannelli fotovoltaici bifacciali: i pannelli bifacciali sono in grado di generare energia elettrica non solo dalla faccia anteriore, ma anche dalla faccia posteriore, grazie all'utilizzo di materiali trasparenti. Questo consente di aumentare l'efficienza energetica dell'impianto fotovoltaico.

5. Pannelli fotovoltaici ibridi: i pannelli ibridi sono costituiti da più tecnologie di celle solari, come celle solari monocristalline e film sottili. Questo consente di aumentare l'efficienza energetica dell'impianto fotovoltaico, migliorando la produzione di energia anche in condizioni di bassa luminosità.

6. Pannelli fotovoltaici monocristallini flessibili: Tali pannelli, grazie alla loro flessibilità che gli consente di flettersi formando un angolo fino a 50°, hanno una varietà di applicazioni, dai tettucci curvi dei furgoni ai balconi con profilo panciuto, dalle pergole convesse ai tetti a botte delle case. Sono ideali per i condomìni in quanto, pesando solo 2 Kg. rispetto ai circa 25-30 Kg. dei pannelli tradizionali, non trasmettono quel senso di rischio di caduta che potrebbe arrecare danni ai piani sottostanti. Sono infatti talmente leggeri da poter essere fissati alla balconata con delle semplici fascette autostringenti in nylon.

In generale, la scelta della tipologia di pannello fotovoltaico dipende dalle esigenze specifiche dell'impianto fotovoltaico, dalle condizioni di installazione e dal budget a disposizione.

Inverter

1. **Inverter di stringa:** Questo tipo di inverter è progettato per gestire una intera stringa di moduli fotovoltaici collegati tra loro in serie o in parallelo. L'energia prodotta dai moduli fotovoltaici viene aggregata e convertita in energia elettrica in corrente alternata dal singolo inverter di stringa.

2. **Inverter centralizzati:** Questi inverter sono progettati per gestire l'energia prodotta da un intero impianto fotovoltaico. L'energia prodotta dai moduli fotovoltaici viene aggregata e convertita in energia elettrica in corrente alternata da uno o più inverter centralizzati.

3. **Microinverter:** Questi inverter sono installati su ogni singolo modulo fotovoltaico e convertono l'energia prodotta dal modulo in energia elettrica in corrente alternata. In questo modo, ogni modulo fotovoltaico ha un proprio microinverter, che consente di massimizzare l'efficienza dell'intero sistema.

4. **Inverter ibridi:** Questi inverter sono progettati per funzionare sia in modalità ON-grid che OFF-grid, ovvero per collegare l'impianto fotovoltaico sia alla rete elettrica pubblica che a un sistema di accumulo di energia. Gli inverter ibridi sono progettati per gestire in modo intelligente l'energia proveniente da diverse fonti, permettendo di ottimizzare l'uso dell'energia solare e delle altre fonti disponibili. Ad esempio, un inverter ibrido può gestire l'energia solare in eccesso prodotta dall'impianto fotovoltaico utilizzandola per ricaricare una batteria, che può poi essere utilizzata durante i periodi di bassa

produzione solare o di alta richiesta energetica. Inoltre, un inverter ibrido può anche essere configurato per utilizzare un generatore di backup quando l'energia solare e la batteria non sono sufficienti per soddisfare la domanda energetica dell'impianto. Gli inverter ibridi sono spesso utilizzati in sistemi fotovoltaici con batterie di accumulo per massimizzare l'autoconsumo dell'energia solare e migliorare l'indipendenza energetica del sistema. Possono anche essere utilizzati in sistemi fotovoltaici con generatori ausiliari diesel per garantire una fornitura continua di energia in caso di interruzione dell'energia di rete.

5. Inverter trifase: Questi inverter sono progettati per gestire l'energia prodotta da un intero impianto fotovoltaico trifase. Sono utilizzati principalmente in impianti di grandi dimensioni, come quelli utilizzati per alimentare edifici commerciali e industriali.

Si faccia attenzione alla scelta dell'inverter in quanto alcuni modelli hanno una uscita monofase mentre altri modelli hanno una uscita bifase.

Nei modelli con uscita monofase alternata il polo della fase ha una differenza di 230 V rispetto alla terra mentre il polo del neutro ha una differenza di 0 V rispetto alla terra.

Nei modelli con uscita bifase alternata il polo della fase ha una differenza di 115 V rispetto alla terra mentre il polo del neutro ha una differenza di 115 V rispetto alla terra.

Nei modelli con uscita bifase alcuni elettrodomestici come il condizionatore, la caldaia o il frigorifero potrebbero quindi non funzionare, funzionare male o addirittura guastarsi.

Quindi è bene assicurarsi di acquistare un inverter con uscita monofase o, se lo si è già acquistato, è possibile correre ai ripari acquistando un opportuno trasformatore di isolamento o, in generale, un trasformatore che converta la tensione bifase in tensione monofase.

In tal modo tutti gli elettrodomestici dell'appartamento potranno funzionare con la corretta alimentazione di rete.

Ottimizzatori di potenza

Talvolta vengono utilizzati degli ottimizzatori di potenza (power optimizer): Questi dispositivi sono installati su ogni singolo modulo fotovoltaico e agiscono come interfacce tra i moduli fotovoltaici e l'inverter. I power optimizer consentono di massimizzare l'efficienza dei singoli moduli fotovoltaici, regolando la tensione di uscita dei moduli e garantendo che tutti i moduli funzionino al loro massimo rendimento.

L'utilizzo di un ottimizzatore di potenza per ciascun pannello in un impianto fotovoltaico può essere necessario in diverse situazioni, tra cui:

1. Ombreggiamento parziale: Se uno o più pannelli fotovoltaici sono parzialmente ombreggiati, l'uso di un ottimizzatore di potenza per ciascun pannello può aumentare l'efficienza dell'intero sistema. L'ottimizzatore di potenza consente di regolare la tensione e la corrente di uscita di ogni pannello in modo indipendente, in modo da massimizzare la produzione di energia.

2. Disomogeneità dei moduli: Se i moduli fotovoltaici utilizzati nell'impianto hanno caratteristiche di produzione differenti (ad esempio, se sono di marche diverse o se sono stati prodotti in lotti differenti), l'utilizzo di un ottimizzatore di potenza per ciascun pannello può bilanciare la produzione di energia e massimizzare l'efficienza del sistema.

3. *Installazione su diversi orientamenti e inclinazioni: Se i moduli fotovoltaici sono installati su diversi orientamenti e inclinazioni, l'uso di un ottimizzatore di potenza per ciascun pannello può compensare le differenze di produzione di energia tra i diversi pannelli, garantendo una produzione uniforme e massimizzando l'efficienza complessiva del sistema.*

4. *Installazione su diversi tetti o superfici: Se i moduli fotovoltaici sono installati su diversi tetti o superfici, l'uso di un ottimizzatore di potenza per ciascun pannello può compensare le differenze di produzione di energia tra i diversi pannelli, garantendo una produzione uniforme e massimizzando l'efficienza complessiva del sistema.*

Regolatori di carica *(se non inclusi nell'inverter)*

Ci sono diversi tipi di regolatori di carica per impianti fotovoltaici disponibili sul mercato. Ecco una breve descrizione delle diverse tipologie:

1. Regolatori di carica PWM: i regolatori di carica PWM (Pulse Width Modulation) sono i regolatori di carica più comuni e semplici. Regolano la tensione di uscita del pannello fotovoltaico, mantenendo costante la tensione della batteria durante la carica. La regolazione avviene mediante la modulazione della larghezza di impulso (duty cycle) dei segnali PWM in base alla tensione della batteria. Questi regolatori di solito hanno un costo più contenuto rispetto alle altre tipologie.

2. Regolatori di carica MPPT: i regolatori di carica MPPT (Maximum Power Point Tracking) utilizzano una tecnologia avanzata per ottimizzare l'efficienza di conversione dell'energia solare. Invece di regolare solo la tensione di uscita del pannello fotovoltaico, i regolatori di carica MPPT cercano di individuare il punto di massima potenza del pannello e regolare la tensione e la corrente di uscita per ottenere il massimo rendimento. Questi regolatori sono più costosi rispetto ai regolatori PWM ma offrono un'efficienza di conversione maggiore.

3. Regolatori di carica a doppio stadio: i regolatori di carica a doppio stadio utilizzano due diversi livelli di tensione per regolare la carica della batteria. Inizialmente, la batteria viene

caricata a una tensione più elevata per aumentare la velocità di carica. Successivamente, il regolatore passa a una tensione di carica più bassa per mantenere la batteria completamente carica senza danneggiarla. Questi regolatori sono utilizzati principalmente per le batterie al piombo.

4. Regolatori di carica a tre stadi: i regolatori di carica a tre stadi utilizzano tre diversi livelli di tensione per regolare la carica della batteria. Il primo stadio corrisponde alla carica rapida della batteria, il secondo stadio a una carica di mantenimento e il terzo stadio a una carica di assorbimento per mantenere la batteria completamente carica senza danneggiarla. Questi regolatori sono utilizzati principalmente per le batterie al piombo e sono considerati la soluzione più avanzata tra i regolatori di carica.

Protezioni

Ci sono diversi dispositivi di protezione che devono essere adottati nella realizzazione di un impianto fotovoltaico, al fine di garantirne la sicurezza e la protezione degli apparecchi elettrici. Alcuni dei dispositivi di protezione più comuni includono:

1. Interruttori di protezione (o interruttori automatici differenziali): questi dispositivi sono utilizzati per proteggere l'impianto fotovoltaico da cortocircuiti, sovraccarichi e fughe di corrente. Gli interruttori automatici differenziali in particolare, sono in grado di rilevare eventuali fughe di corrente verso terra e di interrompere immediatamente l'alimentazione per prevenire i rischi di incendio o di shock elettrico.

2. Dispositivi di protezione contro i fulmini: poiché gli impianti fotovoltaici sono esposti a fulmini e scariche elettrostatiche, è necessario utilizzare dispositivi di protezione appositi per prevenire i danni causati da questi eventi. E' opportuno che siano quindi presenti dispositivi di protezione dalle sovratensioni.

3. Dispositivi di protezione contro il surriscaldamento: l'uso prolungato dell'impianto fotovoltaico può causare il surriscaldamento dei componenti elettrici, il che può portare a danni o a guasti. Per prevenire questo, è necessario utilizzare dispositivi di protezione termica, come i fusibili termici o i dispositivi di spegnimento automatico.

4. Dispositivi di protezione contro le inversioni di polarità: le inversioni di polarità possono danneggiare irreparabilmente l'impianto fotovoltaico. Per prevenire questo, è necessario utilizzare dispositivi di protezione contro le inversioni di

polarità, come i diodi di protezione o i dispositivi di commutazione automatica.

Bisogna prevedere due quadri di protezione: un quadro di protezione a valle della stringa dei pannelli fotovoltaici detto "quadro di stringa" ed un quadro di protezione a valle dell'inverter detto "quadro in bassa tensione".

Il quadro di stringa

Il _quadro di stringa_ è un componente fondamentale di un impianto fotovoltaico ed è collocato a valle dei pannelli solari per gestire l'energia prodotta e garantire la sicurezza del sistema.

I principali elementi che compongono un quadro di stringa sono:

1. *Protezione da sovracorrente e cortocircuito:* il quadro di stringa deve essere dotato di portafusibili DC con fusibili di adeguato amperaggio per proteggere il sistema da eventuali sovraccarichi e cortocircuiti.

2. *Protezione da contatti accidentali e da agenti atmosferici:* è importante prevedere un sistema di protezione contro i contatti accidentali, ad esempio utilizzando barriere protettive o coperture isolate.

3. *Protezione da sovratensioni:* è consigliabile installare un dispositivo di protezione contro le sovratensioni (scaricatore) per proteggere il sistema dagli effetti delle scariche elettrostatiche o dei fulmini.

4. *Sezionatore* per separare il circuito proveniente dai pannelli fotovoltaici dai dispositivi presenti a valle.

5. *Dispositivi di comunicazione:* è utile prevedere un sistema di comunicazione che permetta di ricevere informazioni sull'efficienza del sistema o di segnalare eventuali malfunzionamenti. Shelly o Sonoff potrebbero essere dispositivi domotici ideali che possono trovare una giusta collocazione all'interno dell'impianto in virtù dei loro irrisori assorbimenti di corrente e delle loro piccole dimensioni.

Il quadro di bassa tensione

Il quadro di bassa tensione a valle dell'inverter è un componente fondamentale di un impianto fotovoltaico, in quanto ha il compito di distribuire l'energia prodotta in modo sicuro ed efficiente nell'edificio o nell'impianto a cui è collegato. Qui di seguito sono elencati i principali elementi che compongono un quadro di bassa tensione:

1. Protezione da sovracorrente e cortocircuito: il quadro di bassa tensione deve essere dotato di interruttori automatici o fusibili per proteggere il sistema da eventuali sovraccarichi e cortocircuiti.

2. Protezione da contatti accidentali e da agenti atmosferici: è importante prevedere un sistema di protezione contro i contatti accidentali, ad esempio utilizzando barriere protettive o coperture isolate.

3. Protezione da sovratensioni: è consigliabile installare un dispositivo di protezione contro le sovratensioni per proteggere il sistema dagli effetti delle scariche elettrostatiche o dei fulmini.

4. Dispositivi di misura: è importante avere a disposizione strumenti di misura che consentano di monitorare la produzione di energia dell'impianto e di verificare il corretto funzionamento del sistema. In particolare, possono essere utilizzati contatori di energia, strumenti di misura della tensione e della corrente, e altri dispositivi di controllo.

22. Leggi di Ohm

Per progettare autonomamente un piccolo impianto fotovoltaico, è necessario avere almeno una comprensione dei concetti basilari di elettrotecnica. Ecco alcune basi di teoria di elettrotecnica che potrebbero risultare utili.

La corrente elettrica si misura in Ampere (A), la tensione elettrica si misura in Volt (V) mentre la resistenza elettrica di un componente o di un ramo di circuito si misura in Ohm (Ω).

Le leggi di Ohm sono fondamentali per calcolare la potenza elettrica, l'energia elettrica prodotta, le perdite di energia in un impianto fotovoltaico ed il dimensionamento dei vari componenti.

Le leggi di Ohm sono tre principi fondamentali che descrivono il comportamento delle correnti e delle tensioni in un circuito elettrico. Sono state formulate da Georg Simon Ohm, un fisico e matematico tedesco, nel XIX secolo, e sono alla base dello studio delle leggi che governano il flusso di corrente elettrica in un circuito.

Georg Simon Ohm

Ecco le tre **leggi di Ohm:**

1. Prima legge di Ohm: La corrente (I) che scorre in un circuito è direttamente proporzionale alla tensione (V) applicata e inversamente proporzionale alla resistenza (R) del circuito. Matematicamente, questa legge può essere espressa come

$$I = V/R$$

dove I è la corrente in Ampere (A), V è la tensione in Volt (V) e R è la resistenza in Ohm (Ω).

Questa legge stabilisce che se la tensione aumenta, anche la corrente aumenta, a condizione che la resistenza rimanga costante, e viceversa.

2. *Seconda legge di Ohm: La resistenza (R) di un materiale è costante a una determinata temperatura e lunghezza del conduttore. Questa legge stabilisce che la resistenza di un materiale è indipendente dalla tensione o dalla corrente che viaggiano attraverso di esso, ma dipende solo dalle caratteristiche intrinseche del materiale, dalla lunghezza del cavo, dalla sua area trasversale e dalla temperatura del materiale (la temperatura influenza la resistività ϱ del materiale ma evitiamo di scendere in dettagli troppo tecnici). La sua formula è:*

$$R = \varrho * \frac{L}{S}$$

dove ϱ è la resistività del conduttore in $\Omega*m$, L è la sua lunghezza in metri e S è la sua area trasversale in m².

3. *Terza legge di Ohm:*

Dalla relazione P = V*I e sostituendo al posto di V - I*R si ottiene:

$$P = I^2 * R$$

dove P è la potenza dissipata espressa in Watt, I è la corrente espressa in Ampere e R è la resistenza del conduttore espressa in Ohm.

L'effetto Joule è un fenomeno fisico che si verifica quando una corrente elettrica attraversa un conduttore elettrico e parte della potenza si dissipa sotto forma di calore a causa della resistenza opposta dal conduttore al passaggio della corrente. Questo fenomeno prende il nome dal fisico britannico James Prescott Joule, che lo studiò nel XIX secolo.

Quando una corrente elettrica fluisce attraverso un conduttore, gli elettroni che determinano il flusso della corrente si muovono attraverso il conduttore in modo casuale, collidendo con gli ioni del materiale del conduttore e tra di loro. Queste collisioni causano una perdita di energia cinetica degli elettroni, che viene convertita in calore. In altre parole, l'energia elettrica viene convertita in energia termica a causa dell'interazione tra gli elettroni e il reticolo cristallino del conduttore.

L'effetto Joule è alla base del funzionamento di molti dispositivi elettrici, come resistenze elettriche, fornelli elettrici, asciugacapelli, ferri da stiro, elettroutensili e molte altre apparecchiature che generano calore come sottoprodotto del passaggio di corrente elettrica attraverso un conduttore resistivo. Tuttavia, l'effetto Joule può anche essere indesiderato in alcune situazioni, ad esempio quando si verifica dispersione di energia in un circuito elettrico o quando si cerca di minimizzare la produzione di calore in dispositivi elettronici sensibili.

L'effetto Joule è regolato dalla 3° legge di Ohm, che afferma che la potenza dissipata sotto forma di calore in un conduttore è proporzionale al quadrato della corrente che lo attraversa e alla resistenza del conduttore stesso.

Le leggi di Ohm sono fondamentali per comprendere il funzionamento dei circuiti elettrici e per calcolare le correnti, le tensioni e le resistenze in un circuito. Sono alla base della teoria elettrica e sono ampiamente utilizzate nella progettazione e nella risoluzione di problemi relativi all'elettronica, all'elettricità e all'energia.

In sintesi, l'effetto Joule è un fenomeno importante nell'elettronica e nella conduzione di corrente elettrica attraverso conduttori resistivi, che comporta la conversione dell'energia elettrica in calore a causa della resistenza del materiale del conduttore. E' essenziale tenerne conto quando si auto progetta un impianto fotovoltaico in modo da minimizzare le perdite di energia attraverso il calore.

23. Calcolo della corrente erogata da un pannello fotovoltaico

Ricaviamo adesso a titolo di esempio la corrente media, espressa in Ampere, sviluppata da un pannello di dimensioni di 1 m².

Per determinare ciò, dobbiamo prima determinare quanti fotoni arrivano dal Sole su un pannello fotovoltaico avente una superficie S pari a 1 m² in un intervallo di tempo T di 1 sec.

$$S = 1 \, m^2 \qquad\qquad T = 1 \, s$$

Immaginiamo il fotone come il più piccolo pacchetto di luce, non ulteriormente divisibile.

L'intensità solare media che arriva in pieno giorno su una superficie posta al di fuori della atmosfera terrestre si chiama "Costante solare" ed è pari a circa 1400 w/m².

$$I_m = 1400 \, w/m^2$$

La radiazione solare attraversando l'atmosfera terrestre subisce fenomeni di assorbimento, scattering e riflessione il cui effetto è di ridurre l'intensità media della radiazione solare fino a circa 1000 w/m².

Approssimativamente questa energia è essenzialmente concentrata nei colori rosso e arancione la cui lunghezza d'onda è di circa 600 nanometri.

$$\lambda = 600 \, nm = 600 * 10^{-9} \, m$$

Con questi dati a disposizione, posso calcolare l'energia E che il Sole attraverso la sua costante solare Im deposita sul pannello di superficie S pari ad 1 m² nel tempo T di 1 sec.

$$E = Im * S * T = 1000 \ W/m^2 * 1 \ m^2 * 1 \ s = \textbf{1000 Joule}$$

Per determinare il numero dei fotoni luminosi che colpiscono il pannello, dobbiamo prima determinare l'energia associata al singolo fotone luminoso.

Dalla equazione di Planck-Einstein risulta che:

$$E_{fot} = h * \upsilon$$

dove h è la costante di Plank pari a $6,62618 \cdot 10^{-34}$ J·s e υ è la frequenza del fotone. Non abbiamo la frequenza del fotone ma possiamo ricavarcela dalla sua lunghezza d'onda λ grazie alla costanza della velocità della luce c.

Sappiamo che la velocità della luce c nel vuoto è pari a:

$$c = 2,998 * 10^8 \ m/s$$

Quindi, sapendo che la frequenza $\upsilon = c/\lambda$, possiamo scrivere:

$$E_{fot} = h * \upsilon = h * c/\lambda =$$

$$= 6,62618 \cdot 10^{-34} \ J \cdot s * 2,998 * 10^8 \ m/s \ /600 * 10^{-9} \ m =$$

$$= \textbf{3,310} * \textbf{10}^{-19} \ \textbf{Joule}$$

A questo punto, avendo l'energia totale che irradia il pannello e l'energia del singolo fotone, possiamo calcolare il numero dei fotoni che colpisce il pannello:

$$N_{Ph} = E_{Tot}/E_{Ph} = 1000 \, J \, / \, 3,310 * 10^{-19} \, J = \textbf{3,021 * 10}^{21} = \textbf{3021 * 10}^{18}$$

Quindi i fotoni che colpiscono il nostro pannello di 1 m² in un secondo di tempo sono 3021 miliardi di miliardi, che è un numero grandissimo che giustifica la nostra difficoltà di comprendere il concetto di granulosità della luce.

Questi fotoni, colpendo la superficie del pannello scalzano alcuni elettroni facendoli passare dalla banda di valenza alla banda di conducibilità e vengono messi in movimento in un circuito elettrico.

Supponiamo ora che il nostro pannello abbia una efficienza η del 1% cioè che riesca a scalzare 1 elettrone per ogni 100 fotoni che colpiscono il pannello.

Quindi il numero di elettroni scalzati e posti in movimento sarà:

$$N_E = \eta * N_{PH} = 0,01 * 3,021 * 10^{21} = \textbf{3,021 * 10}^{19}$$

Possiamo adesso determinare la corrente che scorre nel pannello visto che la corrente in Ampere è data dal numero di elettroni N_E appena calcolato per la carica in Coulomb dell'elettrone e diviso il tempo T, quindi:

$$I = e * N_E / T = 1,692 * 10^{-19} \, C * 3,021 * 10^{19} / 1 \, s = \textbf{5,11 Ampere}$$

Quindi un pannello di 1 m² riuscirà a generare una corrente di circa 5 Ampere.

E' evidente che, con pannelli fotovoltaici che hanno una efficienza η superiore, la corrente erogata sarà maggiore. Attualmente in commercio si trovano moduli fotovoltaici con efficienza ancora limitata ma la ricerca continua e il miglioramento della produzione industriale fanno prevedere che si riusciranno a produrre pannelli fotovoltaici sempre più efficienti.

24. La legge di Faraday applicata agli impianti eolici

La **legge di Faraday** è una legge fondamentale dell'elettromagnetismo che afferma che un campo magnetico che varia nel tempo induce la generazione di una corrente elettrica in un circuito elettrico. Questo fenomeno è alla base del funzionamento degli impianti eolici, che sfruttano l'energia cinetica del vento per generare energia elettrica.

La legge di Faraday afferma che in un circuito si genera una differenza di potenziale ΔV di intensità pari alla variazione nel tempo del flusso Φ di campo magnetico B che attraversa il circuito stesso. In formula si può quindi scrivere:

$$\Delta V = \frac{\Delta \Phi(B)}{\Delta t}$$

La differenza di potenziale ΔV, applicata ai capi di un circuito, genera poi una corrente elettrica in accordo con le leggi di Ohm.

Un impianto eolico tipico è composto da diverse parti chiave, tra cui una turbina eolica, un generatore elettrico e un sistema di trasmissione dell'energia elettrica. Quando il vento soffia sulla turbina eolica, le pale della turbina iniziano a ruotare. Questo movimento rotatorio viene quindi trasmesso al generatore elettrico attraverso un albero di trasmissione.

Il generatore elettrico, basato sulla legge di Faraday, sfrutta il principio dell'induzione elettromagnetica per generare energia elettrica. L'induzione elettromagnetica avviene quando un campo magnetico variabile attraversa una bobina di filo conduttore, inducendo una corrente elettrica nel conduttore. Nel caso di un impianto eolico, il movimento rotatorio delle pale della turbina fa variare il flusso di campo magnetico all'interno del generatore elettrico. Questo flusso di campo magnetico variabile induce una corrente elettrica nella bobina di filo conduttore del generatore.

Una volta generata l'energia elettrica, questa viene trasferita attraverso un sistema di trasmissione dell'energia elettrica, che può includere trasformatori e linee di trasmissione, per consegnarla alla rete elettrica o all'utilizzatore finale.

È importante notare che il funzionamento di un impianto eolico dipende da molti altri fattori oltre alla legge di Faraday, tra cui la velocità del vento, la progettazione delle pale della turbina e il controllo del generatore. Inoltre, l'energia eolica è una forma di energia rinnovabile, poiché il vento è una fonte di energia inesauribile e non produce emissioni di gas a effetto serra o altri inquinanti atmosferici durante la produzione di energia elettrica.

25. Normative del settore fotovoltaico ed eolico

Le norme CEI (Comitato Elettrotecnici Italiani) riguardano le regole tecniche per la connessione degli impianti di produzione alle reti dei distributori di energia elettrica.

La tabella che segue sintetizza il quadro delle procedure di connessione degli impianti di produzione così come regolate dalle delibere dell'Autorità per l'Energia Elettrica ed il Gas (AEEG).

LA NORMA CEI 0-16

La norma CEI 0-16 prescrive le indicazioni di riferimento per la connessione degli impianti elettrici alle reti MT dei distributori, compendiando le esigenze di sicurezza e funzionalità delle reti di distribuzione dell'energia elettrica e quelle degli utenti che vi si connettono.

La norma si applica alla connessione sia di "utenti passivi" che di "utenti attivi".

L'AEEG ha riconosciuto la norma CEI 0-16, come regola tecnica di riferimento per la connessione di "utenti passivi e attivi" alle reti elettriche di distribuzione con tensione maggiore di 1 kV.

Con particolare riferimento agli "utenti attivi", la norma CEI 0-16 prescrive che il funzionamento di un impianto di produzione in parallelo alla rete di distribuzione deve soddisfare i seguenti requisiti:

- non deve arrecare perturbazioni al servizio sulla rete di distribuzione;
- deve bloccarsi immediatamente e automaticamente in assenza di alimentazione o qualora i valori di tensione e frequenza della rete non siano compresi entro i valori definiti dal distributore;
- il dispositivo di parallelo dell'impianto di produzione non deve permettere il parallelo con la rete in caso di mancanza di tensione o nel caso in cui i valori di tensione e frequenza non sono

compresi entro i valori definiti dal distributore.

Per assicurare queste funzionalità nel caso degli "utenti attivi", oltre al "dispositivo generale" (DG) devono essere quindi previsti i seguenti dispositivi per garantire il parallelo con la rete:

dispositivo di interfaccia (DDI), in grado di assicurare sia la separazione di una porzione dell'impianto dell'utente (generatori e carichi privilegiati) permettendo il funzionamento dell'impianto in isola o in parallelo alla rete;

dispositivo di generatore (DDG) in grado di escludere dalla rete singolarmente i soli gruppi di generazione.

Il dispositivo di interfaccia è quindi l'elemento fondamentale di un impianto di produzione che assicura la possibilità di separarlo immediatamente e automaticamente dalla rete di distribuzione. L'intervento del DDI è comandato dal "sistema di protezione di interfaccia" (SPI) che, in funzione dei parametri della rete di distribuzione, evita che:

- in caso di mancanza dell'alimentazione sulla rete, l'utente possa alimentare la rete stessa;

- in caso di guasto sulla linea MT cui è connesso l'utente attivo, l'utente stesso possa continuare ad alimentare il guasto;

- in caso di richiusure automatiche o manuali di interruttori della rete di distribuzione il generatore possa trovarsi in discordanza di fase con la rete.

LA NORMA CEI 0-21

La norma CEI 0-21 definisce i criteri tecnici per la connessione degli utenti alle reti elettriche di distribuzione con tensione nominale in corrente alternata fino a 1 kV compreso (reti BT).

In particolare, per gli Utenti attivi ha l'obiettivo di:

- definire l'avviamento, l'esercizio e il distacco dell'impianto di produzione;
- scongiurare che gli impianti di produzione possano funzionare in isola su porzioni di reti BT del distributore;
- definire alcune prescrizioni relative agli impianti di produzione funzionanti in servizio isolato sulla rete interna del produttore.

Anche in questo caso la norma CEI 0-21 è stata elaborata di concerto con l'Autorità per l'energia elettrica e il gas (AEEG) e intende esplicitare le regole tecniche di connessione alle reti di distribuzione di energia elettrica in bassa tensione su tutto il territorio nazionale.

REGOLE TECNICHE PER LA CONNESSIONE DI IMPIANTI DI PRODUZIONE ALLE RETI DI DISTRIBUZIONE DELL'ENERGIA ELETTRICA

Livello di tensione rete distributore	Norme e Regole tecniche	Procedure		Livello di erogazione del servizio
BT	Norma CEI 0-21	*Iter* unico per la richiesta di connessione	Procedure comuni e dettagliate	Fino a 100 kW
MT	Norma CEI 0-16 o			Fino a 6 MW
AT, AAT	Codice di Rete (TERNA)		Come 281/05	Oltre

A prescindere dal livello di tensione della rete di distribuzione a cui si vuole collegare un impianto di produzione, i requisiti funzionali rimangono identici; anche in questo caso, infatti, l'impianto di produzione non deve produrre perturbazioni al servizio sulla rete di distribuzione e, in caso di mancanza dell'alimentazione sulla rete, non deve alimentarla.

I due elementi fondamentali per realizzare queste funzionalità sono rappresentati dal dispositivo di interfaccia (DDI) e dal relativo "sistema di protezioni di interfaccia" (SPI) con caratteristiche analoghe a quelle previste dalla norma CEI 0-16, seppur con qualche differenza (ad esempio la capacità di ricevere segnali su protocollo serie CEI EN 61850 finalizzati al tele scatto o al cambio taratura).

La norma CEI 0-21 prevede anche una richiesta di alcune funzionalità per la regolazione locale/centralizzata di tensione della rete come, ad esempio, la limitazione di potenza attiva erogata automatica o su comando e, per i generatori statici, la cosiddetta "low voltage fault ride through capability" (LVFRT), ossia l'insensibilità agli abbassamenti di tensione per evitare che si verifichi l'indebita separazione dell'impianto di produzione dalla rete, in occasione di buchi di tensione.

Le norme tecniche CEI per il settore fotovoltaico riguardano sia i singoli componenti degli impianti fotovoltaici (moduli, connettori, scatole di giunzione, inverter), sia i sistemi.

Con particolare riferimento a questi ultimi, si segnala la Guida 82-25 «Guida alla realizzazione di sistemi di generazione fotovoltaica collegati alle reti elettriche di media e bassa tensione» e la norma CEI EN 62446 «Sistemi fotovoltaici collegati alla rete elettrica – Prescrizioni minime per la documentazione del sistema, le prove di accettazione e prescrizioni per la verifica ispettiva».

La Guida 82-25 è di particolare rilevanza in quanto espressamente richiamata dal D.M. 5 maggio 2011 ("quarto conto energia") che la individua come regola tecnica di riferimento per gli impianti fotovoltaici.

Nella tabella che segue è riportata una sintesi delle principali norme CEI del CT82.

PRINCIPALI NORME CEI DI RIFERIMENTO NEL SETTORE FOTOVOLTAICO

CEI EN 61215 Moduli fotovoltaici (FV) in silicio cristallino per applicazioni terrestri – Qualifica del progetto e omologazione del tipo

CEI EN 61646 Moduli fotovoltaici (FV) a film sottili per usi terrestri – Qualificazione del progetto e approvazione di tipo

CEI EN 50380 Fogli informativi e dati di targa per moduli fotovoltaici

CEI EN 62124 Sistemi fotovoltaici isolati dalla rete - Verifica di progetto

CEI EN 62093 Componenti di sistemi fotovoltaici - moduli esclusi (BOS) - Qualifica di progetto in condizioni ambientali naturali

CEI 8225 Guida alla realizzazione di sistemi di generazione fotovoltaica collegati alle reti elettriche di Media e Bassa Tensione

CEI EN 50461 Celle solari – Fogli informativi e dati di prodotto per celle solari al silicio cristallino

CEI EN 617301 Qualificazione per la sicurezza dei moduli fotovoltaici (FV) Parte 1: Prescrizioni per la costruzione

CEI EN 617302 Qualificazione per la sicurezza dei moduli fotovoltaici (FV) Parte 2: Prescrizioni per le prove

CEI EN 62108 Moduli e sistemi fotovoltaici a concentrazione (CPV) Qualifica di progetto e approvazione di tipo

CEI EN 50521 Connettori per sistemi fotovoltaici Prescrizioni di sicurezza e prove

CEI EN 609044 Dispositivi fotovoltaici Parte 4: Dispositivi solari di riferimento Procedura per stabilire la tracciabilità della taratura

CEI EN 50513 *Wafer solari Foglio dati e informazioni di prodotto per i wafer di silicio cristallino utilizzati per la fabbricazione di celle solari*
CEI EN 50524 *Fogli informativi e dati di targa dei convertitori fotovoltaici*
CEI EN 50530 *Rendimento globale degli inverter per impianti fotovoltaici collegati alla rete elettrica*
CEI EN 62109 *Sicurezza degli apparati di conversione di potenza utilizzati in impianti fotovoltaici di potenza - Parte 1: Prescrizioni generali*
CEI EN 62446 *Sistemi fotovoltaici collegati alla rete elettrica - Prescrizioni minime per la documentazione del sistema,*
le prove di accettazione e prescrizioni per la verifica ispettiva
CEI CLC/TS 61836 *Sistemi di conversione fotovoltaica dell'energia solare Terminologia, definizioni e simboli*

Per il settore eolico, la maggior parte delle norme tecniche appartengono alla serie CEI EN 61400, che comprende diverse parti che trattano aspetti specifici dei sistemi di generazione a turbina eolica come, ad esempio, le prescrizioni di progettazione, la misura delle prestazioni, la verifica del potenziale impatto sull'ambiente (rumore) e sulla rete (qualità della potenza).

Queste norme si rivolgono sia al costruttore di aerogeneratori, ma anche al progettista e quindi al committente dando indicazioni utili sia per la scelta del modello di aerogeneratore strutturalmente più idoneo alle caratteristiche del sito che per l'accertamento delle prestazioni delle macchine.

Le 3 parti principali di questa serie sono, rispettivamente:

- la CEI EN 61400-1 che fornisce le prescrizioni di progetto per aerogeneratori di qualsiasi taglia, con specifico riferimento alla loro integrità strutturale;

- la CEI EN 61400-2 che fornisce requisiti analoghi, ma semplificati, per gli aerogeneratori di
piccola taglia ossia quelli con area spazzata dal rotore inferiore a 200m2;
- la CEI EN 61400-3 che tratta aspetti specifici degli aerogeneratori installati in acque costiere (installazioni offshore).

PRINCIPALI NORME CEI DI RIFERIMENTO NEL SETTORE EOLICO

CEI EN 614001 Turbine eoliche (Prescrizioni di progettazione)

CEI EN 614002 Turbine eoliche (Prescrizioni di progettazione degli aerogeneratori di piccola taglia)

CEI EN 614003 Turbine eoliche (Prescrizioni di progettazione degli aerogeneratori offshore)

CEI EN 61400121 Sistemi di generazione a turbina eolica (Misure delle prestazioni di potenza degli aerogeneratori)

CEI EN 50308 Aerogeneratori Misure di protezione (Prescrizioni di progetto, esercizio e manutenzione)

CEI EN 6140025I Sistemi di generazione a turbina eolica (Comunicazioni per la supervisione e il controllo di impianti eolici Descrizione complessiva di principi e modelli)

CEI EN 6140021 Turbine eoliche (Misura e valutazione delle caratteristiche di qualità della potenza elettrica di aerogeneratori collegati alla rete)

CEI UNI EN 4551053 Guida per l'approvvigionamento di apparecchiature destinate a centrali per la produzione dell'energia elettrica (Turbine eoliche)

26. Verso un Futuro Sostenibile: L'Indipendenza Energetica con solare ed eolico

La transizione verso un futuro sostenibile è un obiettivo urgente per l'umanità, e l'indipendenza energetica svolge un ruolo chiave in questo processo. Grazie all'utilizzo di impianti fotovoltaici ed eolici, siamo testimoni di una rivoluzione energetica che sta trasformando il modo in cui produciamo e consumiamo energia. L'energia solare, ottenuta attraverso i pannelli fotovoltaici, sfrutta la potenza del sole per generare elettricità pulita e rinnovabile, mentre l'energia eolica, ottenuta attraverso turbine eoliche, sfrutta la forza del vento per lo stesso scopo. Queste fonti di energia rinnovabile ci permettono di ridurre la nostra dipendenza dai combustibili fossili, riducendo l'inquinamento atmosferico e mitigando l'impatto dei cambiamenti climatici. Inoltre, gli impianti fotovoltaici ed eolici offrono anche vantaggi economici, creando posti di lavoro locali, riducendo i costi energetici a lungo termine e contribuendo alla creazione di comunità energetiche resilienti e autonome. L'adozione di queste tecnologie ci sta spingendo verso un futuro energetico sostenibile, in cui possiamo godere di un'energia pulita, abbordabile e accessibile per le generazioni future.

Bisogna andare avanti con fiducia verso questo futuro sostenibile che può salvare il nostro pianeta.

27. Conclusioni

L'inaspettato cammino verso l'indipendenza energetica attraverso l'impiego di fonti rinnovabili si rivela una via tanto ambiziosa quanto necessaria per il nostro futuro sostenibile. L'analisi dettagliata degli impianti fotovoltaici ed eolici svela un panorama di possibilità innovative, dove la potenza del sole e del vento si trasforma in energia pulita e sostenibile. Le celle fotovoltaiche, con la loro capacità di catturare e convertire la luce solare, emergono come pietra miliare di questa rivoluzione, mentre i maestosi mulini a vento diventano simbolo di una forza inesauribile che guida il nostro viaggio verso l'autosufficienza energetica. Questi impianti non sono solo una risposta alle sfide ambientali, ma anche un'affermazione della nostra capacità di adottare soluzioni tecniche avanzate per plasmare un futuro in cui l'energia pulita alimenta la nostra crescita. Passi avanti si stanno compiendo nello sviluppo delle batterie con supercondensatori che consentiranno di accumulare energia in modo estremamente veloce, batterie al sale per un naturale riciclo totale, pannelli fotovoltaici agli infrarossi e bifacciali per produrre più energia e persino di notte, aumento dell'efficienza dei pannelli tradizionali. Tutto ciò lascia prevedere veloci sviluppi nel prossimo decennio che semplificheranno notevolmente la produzione di energia per autoconsumo. Mentre chiudiamo questo capitolo, riflettiamo sulla possibilità di una realtà in cui la nostra dipendenza dalle risorse non rinnovabili è sostituita dalla fiducia in fonti energetiche che non solo sostengono il nostro progresso, ma preservano il pianeta che chiamiamo casa.

28. Canto della terra

Saluto i miei lettori con una dolcissima poesia di un poeta anonimo che sottolinea l'importanza di salvaguardare l'ambiente in cui viviamo.

Canto della terra

Nel silenzio dei boschi, tra le fronde verdi,
sussurra il vento un lamento antico. La terra, madre
di ogni vita, sospira nell'ombra del suo destino.

Fiumi che piangono, mari che pregano, montagne
che raccontano storie antiche. Il canto degli uccelli,
un grido d'aiuto, nel mondo in cui l'equilibrio si
affievolisce.

Foreste tagliate, cieli velati, il richiamo della
natura cade nel vuoto. Ogni passo lascia un'impronta
indelebile, sulla terra che attende il nostro rispetto.

Guarda, oh uomo, il tuo riflesso nei laghi,
riconosci la tua responsabilità. L'ambiente è il tuo
rifugio, il tuo compagno, proteggilo con amore, con
sincerità.

Siamo custodi di un giardino prezioso, dove fiori di
speranza devono sbocciare. Coltiviamo il rispetto,

nutriamo l'amore, perché la Terra, nostra madre,
possa respirare.

Ognuno ha un ruolo, ognuno ha una voce, nel coro
della vita, nella danza del tempo. Preserviamo il dono
di questo mondo e la terra canterà il nostro
ringraziamento.

www.ingramcontent.com/pod-product-compliance
Lightning Source LLC
Chambersburg PA
CBHW072328290526
45794CB00002B/786